ザイログ
Z80伝説
ぜっと　　　　はちまる

知られざる開発経緯から実機稼働まで

鈴木哲哉 著

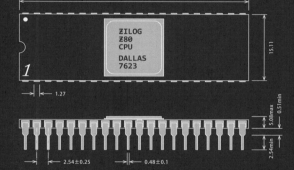

```
ZILOG
Z80
CPU

DALLAS
7623
```

50.26
15.11
1.27
15.24
0.25±0.1
2.54±0.25
0.48±0.1
5.08max
0.51min
2.54min

Rutle

JN064549

サポートページ➜http://www.rutles.net/download/481/index.html

本書に掲載した製作物の、技術資料、データパック、再現方法などをご案内しています。
本書に説明の誤りや重大な誤植が見付かった場合はこちらでお知らせいたします。

［はじめに］

　私は、古風なマイクロプロセッサの実物を手に入れ、動かしてみることが大好きです。身近にそういう人がいないので、これは特殊な趣味だろうと考えていました。しかし、勇気を奮ってネットで成果を発信すると、予想外に多くの人が返信をくださいました。おかげで同好の士が実は大勢いるとわかり、もうひとつ、情報を交換する楽しみが増えました。

　私がこの数年、夢中で取り組んできたのはザイログのZ80です。日本では黎明期のパソコンがあらかたこのマイクロプロセッサを採用していた関係で、技術的な資料が豊富です。しかも、驚いたことに実物がいまだ製造中です。そのため、簡素な試作機はすぐに完成し、引き続き、DRAMを接続したりBASICを移植したりして個性を味わうことができました。

　さて、Z80が全盛を誇った当時の資料は、確かに有益ですが、周回遅れで読むと不都合なところがあります。たとえば、その後に発展した周辺事情を踏まえておらず、今なら簡単なことを難しく説明しています。何より、仲間と共有したくなる「伝説」を提供してくれません。本書は、そうしたところを埋めながら、Z80の魅力を語り尽くそうとするものです。

　私の関心は、Z80の構造に始まり、開発の経緯や市場の反応にまで及んでいます。ですから、Z80の紹介に、いちいち世間話が付け加わります。もし回り道となったら、どうぞお許しください。本書はネットで縁ができたみなさんと戯れるつもりで書いています。私が楽しく過ごした時間を、みなさんもまた楽しんでいただけるなら、たいへん嬉しく思います。

著者しるす

［目次］

［第2章］
伝説の真実——— 91

Z80と周辺IC⤵92

DRAMの制御⤵110

BASICの移植⊋136

［第3章］
伝説の系譜———— 173

日本のパソコン⊋174

Z8000の誕生⊋192

Z8と新体制➔230

本文中の人物名は敬称を略させていただきました。人物の所属および役職は本文で紹介した当時のものです。会社名は本文で紹介した当時のものです。製品の発売時期は原則として発売元の発表に基づき、発表がないものは出荷統計から推測しました。本文中の「現在」は初版発行時点です。

本文中の英字略称は次の内容を表します。
ABC — Atanasoff Berry Computer
AMD — Advanced Micro Devices, Inc.
AMI — American Microsystems, Inc.
ASIC — Application Specific Integrated Circuit
ASM — Advanced Semiconductor Materials
CAD — Computer Aided Design
CDC — Control Data Corporation
CMOS — Complementary Metal Oxide Semiconductor
CPU — Central Processing Unit
DEC — Digital Equipment Corporation
DMA — Direct Memory Access
DRAM — Dynamic Random Access Memory
EDSAC — Electronic Delay Storage Automatic Calculator
EEPROM — Electrically Erasable Programmable Read Only Memory
EFCIS — Etude et Fabrication de Circuits Intégrés Spéciaux
EPROM — Erasable Programmable Read Only Memory
IBM — International Business Machines corporation
IC — Integrated Circuit
LAN — Local Area Network
LED — Light Emitting Diode
MITS — Micro Instrumentation and Telemetry Systems
NMOS — N (negative) type Metal Oxide Semiconductor
NS — National Semiconductor corporation
OS — Operating System
PMOS — P (positive) type Metal Oxide Semiconductor
RAM — Random Access Memory
ROM — Read Only Memory
SRAM — Static Random Access Memory
SSEM — Small Scale Experimental Machine
SWTPC — South West Technical Products Corporation
TTL — Transistor Transistor Logic

取材を通じて多くの人に貴重な情報をいただきました。この場を借りてお礼を申し上げます。

著者のブログやツイッターにお寄せいただいた情報がたいへん役に立ちました。そのうちの一部は許諾を得て本文の内容に取り入れています。この場を借りてお礼を申し上げます。
◉ブログ—電脳伝説〜 1970年代のCPUを語る〜—https://vintagechips.wordpress.com/
◉ツイッター—電脳伝説@vintagechips—https://twitter.com/vintagechips

［第1章］
伝説の誕生

1 三人の技術者

[第1章]
伝説の誕生

⊕ ギネス級の製品寿命を誇るマイクロプロセッサ

　マイクロプロセッサが誕生して、かれこれ半世紀がたとうとしています。初期の製品は、もう目立った場所にはなく、どうかすると博物館の展示品になっています。とはいえ、電子部品の市場から跡形もなく消え去ったわけではありません。たとえば、AliExpressやeBayなど海外のマーケットプレイスで、過去に存在したすべての製品が販売されています。

　現役のマイクロプロセッサで遊び尽くしたマニアにとって初期の製品は新しい題材です。物珍しさから現物を入手し、蘊蓄を語るために資料を集め、冗談半分でコンピュータを設計してみたら、意外にも正しく動作して往年のソフトウェアを蘇らせる事例が続出しました。現在、初期の製品を動かす試みは、電子工作でひとつのジャンルを確立しています。

　このジャンルでは、当初、なるべく古いマイクロプロセッサを入手し、とにかく動かしてみることに情熱が注がれました。現在は、古さはさておき、個性を重視したり、動かしかたに凝ったりする傾向が見られます。よく選ばれる製品はZ80です。名前が比較的広く知られていて、何かを成し遂げたとき、その価値を説明しやすいことが人気の理由だと思います。

　Z80は1976年7月にザイログから発売されました。この出来事が、アメリカに存在した未熟な個人向けコンピュータをパソコンへ進化させました。日本では1979年ころに登場したパソコンがZ80の同等品を採用していてマニアの知るところとなりました。厳密にいえば秋葉原の裏通りにもっと早く出回っていますが、高価すぎて存在しないも同然でした。

↑Z80を現在のマイコンで制御する製作例（ブライアン・ベンチョフのZ80-MBC2）

CHAPTER ● 1—三人の技術者

ⓐ国内の部品店で現在も買えるザイログのZ80（CMOS版）

Z80はやがてパソコンの枠を超え、さまざまな電子機器に浸透します。そのため、ザイログは現在もCMOS版のZ80を製造し、大きな保守需要と小さな新規需要を賄っています。これからZ80に取り組もうという人は、海外のマーケットプレイスを探す必要がありません。国内の部品店が、格安の中古品や他社の同等品を含め、十分な在庫を持っています。

Z80がギネス級の製品寿命を更新し続ける間、周囲の状況は格段の進歩を遂げました。現在のパソコンは往年のミニコンより快適な開発環境を提供します。ネットを通じて安価に製造できるプリント基板は、うんざりするほど複雑な回路を正確に配線します。一周回ってZ80を手にした人は、厄介事を避け、関心が赴くところに熱中することができます。

他方、初期のマイクロプロセッサを動かす試みには案内書がありません。古書店の書籍や雑誌は貴重な資料ですが、このジャンルでとりわけ重要なふたつの要素が欠けています。第1に、格段に進歩した周囲の状況を踏まえていません。第2に、蘊蓄につながる歴史的事実を述べていません。そうしたところを埋めつつ、Z80で遊んでみるのが本書の役割です。

まずは、Z80の誕生に貢献した3人の技術者を紹介します。彼らの行動を理解し、心情を察してもらうため、時代の感覚を1970年代へ巻き戻してください。半導体産業は黎明期にあり、目指す場所さえ掴めなくて、闇雲な試行錯誤を続けています。開発の現場は野心に満ち、たとえ純朴な技術者であっても、しばしば周囲の下世話な騒動に巻き込まれました。

⊕ フェデリコ・ファジン─研究者と技術者の顔を持つ経営者

大阪城を築いたのが大工さんではなく豊臣秀吉だとする論法にしたがえば、Z80を作ったのはフェデリコ・ファジンです。彼はインテルで4004と8008と8080を完成させたあと退職してザイログを設立し、Z80を世に送り出しました。この業績が素晴らし過ぎてよく見落とされるのですが、彼は研究者として半導体の製造技術でも重要な発明をしています。

フェデリコ・ファジンは1941年にイタリアで生まれました。ロッシ工業高校を卒業してオリベッティに勤め、実験的な計算機の試作部門に配属されました。その現場で論理設計を修得したことが、のちにマイクロプロセッサを生む原動力となります。ただし、このときはまだコンピュータに深い関心がなく、2年余りで退職してパドア大学へ入学しました。

パドア大学では物理学を学び、大学院へ進んで博士号を取得しました。卒院後は二、三の職を経てSGSフェアチャイルドに勤め、技術者交換プログラムでアメリカのフェアチャイルドへ出向します。技術者交換プログラムは半年の期限付きでしたが、この間にSGSフェアチャイルドが消滅してしまったので、彼はそのままフェアチャイルドに残りました。

フェアチャイルドは世界で初めてICの商業生産を開始した名門で、上層部に業界のスターが顔を揃えていました。たとえば、ロバート・ノイス、ゴードン・ムーア、ジェリー・サンダースです。フェデリコ・ファジンは、そうした名声とは無縁の新人でしたが、確かな腕を持ち、上層部が無理かもしれないと思いながら任せた仕事で次々と成果をあげました。

⬆オリベッティ時代のフェデリコ・ファジン（右から2人め）

⬆フェアチャイルド時代のフェデリコ・ファジン（左）とレス・バダズ（右）

　フェデリコ・ファジンのもっとも大きな発明はシリコンゲート技術です。古典的なICはゲートと呼ばれる部分がアルミニウムでした。それをシリコンに置き換えると諸特性が劇的に向上するのですが、残念ながら製造が困難でした。彼は社内にあった平凡な技術を組み合わせ、最後に秘伝のタレをかけるようなやりかたで、見事に製造を成功させました。

　現在のICはすべてシリコンゲート技術で製造されています。それほど価値がある発明で、特に秘伝のタレは特許で守るべき財産でした。アメリカの特許制度は先発明主義ですから、まず発明したと発表しておいて、1年以内に申請します。シリコンゲート技術は、1968年10月、国際電子会議でゴードン・ムーアとフェデリコ・ファジンによって発表されました。

　ところが、シリコンゲート技術は結果的に特許が成立していません。当時、フェアチャイルドでは上層部の内紛が激化し、目端の利く人物が、退職して起業しようと画策していました。この時点で特許が成立したら起業したあとの仕事がやり難いと考えた一部の勢力が、フェデリコ・ファジンの知らないところで申請の手続きを握り潰してしまったのです。

●引退後のフェディリコ・ファジン（2011年撮影）

起業の動きは間もなく現実のものとなります。ロバート・ノイスとゴードン・ムーアはインテルを創業しました。ジェリー・サンダースはAMDを創業しました。そのあと、彼らに誘われて多数の優秀な人材が抜けました。フェデリコ・ファジンの周囲からも20名ほどの退職者が出ます。たとえば、直属の上司だったレス・バダズがインテルに入社しました。

　フェアチャイルドは、規律が乱れ、士気が下がり、凋落の一途を辿りました。一方、インテルはシリコンゲート技術でメモリの生産を軌道に乗せ、成功への歩みを始めます。フェデリコ・ファジンは、してやられたと気付きました。しかし、この期に及んではインテルにこそ活躍の場があると考え直し、レス・バダズに連絡をとって転職の仲介を依頼しました。

　創業当初のインテルはメモリを生産する傍ら、カスタムICを受託製造して日銭を稼ぎました。メモリは順調でしたが、カスタムICは論理設計に苦しみ、実際、2件ほど厄介な案件を抱えていました。フェデリコ・ファジンはオリベッティで論理設計を修得していたので、思惑とは違いますが、カスタムICの担当としてレス・バダズが人事に推薦してくれました。

　カスタムICの具体的な内容はインテルの正式な社員となるまで教えてもらえませんでした。インテルに出社した初日、日本のメーカーから受託した電卓用ICだと知らされます。最初の仕事は日本からやってくる技術者を空港へ迎えに行くことでした。その技術者は嶋正利と名乗り、出会うなり、まだ手も付けていない電卓用ICの進み具合を尋ねました。

⊕ 嶋正利─マイクロプロセッサの創造主

　嶋正利は、のちにザイログの社員となってZ80の開発に取り組みます。開発の工程を理解していたのはおもに彼とフェデリコ・ファジンですが、フェデリコ・ファジンは資金繰りに奔走していたので、現場は彼に任されました。したがって、Z80を作ったのは彼だとするのが一般的な見解です。少なくとも日本の文献で、その点に異論を述べたものはありません。

嶋正利は1943年に静岡県で生まれました。東北大学に入学し、有機化学を専攻しましたが、化学産業が不況に見舞われ、卒業後は畑違いのビジコンに就職しました。ビジコンは電卓のメーカーで、三菱電機のミニコンを販売する代理店も兼ねました。最初はミニコンの部署に配属されてプログラミングを学び、半年後、希望して電卓の部署に異動しました。

⬆Z80の開発を担当した嶋正利（2010年撮影）

当時の電卓は文字どおり卓上にやっと置ける大袈裟な計算機です。嶋正利は異動が決まったあと慌てて本を買い、その仕組みを勉強したそうです。論理設計は現場で学びました。フェデリコ・ファジンも同じですが、専門の教育を受けていない人が現場で論理設計を修得した例は珍しくありません。なぜなら、専門の教育をする学校が皆無に近かったからです。

嶋正利が一人前の平社員となった1968年ごろ、最先端の電卓は機種ごとに誂えたチップセットで構成されていました。ビジコンは他社製品の製造を請け負い、たくさんの機種を抱えていたので、ひとつひとつ誂えることは非効率的です。そこで、ROMと組み合わせて一定の範囲で機能が変えられる、いくぶん込み入った電卓用ICを作ることにしました。

問題は製造委託先でした。信頼のおける半導体メーカーは、すでに他社が抑えていました。たとえば、テキサスインスツルメンツはキヤノン、ロックウェルはシャープ、AMIはリコーと提携していました。ビジコンは不安を抱きつつ新興のインテルと提携しました。インテルは10万ドルの契約金につられ、実現可能性をよく検討しないまま受託したようです。

嶋正利はインテルと設計を詰める係の一員に選ばれ、打ち合わせにあたりました。困ったことに、インテルはビジコンの電卓用ICを原案どおりに製造へ移す能力を持ちませんでした。止むを得ず、双方で知恵を絞ってよりシンプルな目標仕様を策定し、再設計をインテルに任せます。半年後、製造が始まる頃合で、彼は確認のためにインテルを訪問しました。

⊕ 4004─プログラムにしたがって動くICの芽生え

嶋正利を空港で迎えたのはフェデリコ・ファジンでした。初対面で特段の話題もなく、挨拶がわりに電卓用ICの進み具合を尋ねると、どうも話が噛み合いません。苦手な英語のせいかと思いましたが、そうではありませんでした。インテルに到着し、一息ついたところで、フェデリコ・ファジンは半年前と同じ仕様を持ち出して、さあ設計だといいました。

　　　　　　　CHAPTER ● 1─三人の技術者

⬆ビジコンの電卓基板に取り付けられたインテルの4004

撮影協力—国立科学博物館

このときインテルは論理設計が難しいふたつの案件、ビジコンの電卓用ICとデータポイントの端末用ICを放置していました。まともな論理設計ができるのはフェデリコ・ファジンだけなので、文句をいったところで製造は始まりません。確認さえすればいいと思ってひとりでインテルを訪れていた嶋正利は、そのまま論理設計を手伝うハメになりました。

　当時、ビジコンは会社の規模でも信用でもインテルよりずっと格上でした。たとえば、従業員数はビジコンが約500名、インテルは約150名です。嶋正利は、半年もたって何ら仕事が進んでいない状況に憤慨しましたが、ビジコンとしては、うすうす想定した事態でした。目の前の問題を解決するには、ビジコンのほうに大人の対応が求められたのです。

　ビジコンの電卓用ICは1971年2月にチップセット4点の形で完成しました。嶋正利は帰国して比較的小型のプリンタ付き電卓を作りました。フェデリコ・ファジンは電卓用ICが電卓の枠を超えて広く応用できることを上層部に進言しました。インテルはビジコンへ契約金を払い戻すとともに売り上げの5%を支払うことで外販の権利を獲得しました。

　電卓用ICのうち4004はギネスが世界で最初のマイクロプロセッサと認定しています。技術的には、割り込みもDMAもできない4004をマイクロプロセッサと呼ぶことには抵抗があります。その後の歴史において、唯一、明確な4004の意義は、開発の過程で嶋正利とフェデリコ・ファジンがお互いの力量を認め合い、固い信頼関係を築いたことにあります。

⊕ 8008─意外な利益をもたらした中継ぎのエース

　インテルが放置したもうひとつの案件、データポイントの端末用ICは、当然の成り行きで契約が解除されました。フェデリコ・ファジンは、その仕様にマイクロプロセッサの原型を感じ取っていたので、とても残念に思いました。ですから、運よく精工舎が関心を示し、案件が復活したとき、新人をひとり部下に付けてもらって8008の型番で開発にあたりました。

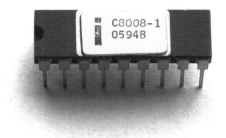

⬆メモリの需要を増大させたインテルの8008

　8008は1972年4月に完成しました。チップセットまでは揃わず、セントラルプロセッサユニットと銘打って汎用のメモリと組み合わせる恰好をとりました。それが、インテルに思わぬ利益をもたらします。廃棄寸前の製造装置で作れる低速小容量のSRAMや、その時点でインテルにしか作れなくて利益率の高いEPROMが、勢いよく売り出したからです。

　メモリを主力とすることはインテルの揺るぎない方針でしたが、メモリを売るためにこの種のICも必要だとする機運が生まれました。8008は割り込みに対応するもののDMAに対応しておらず、まだマイクロプロセッサと呼ぶには物足りません。次の目標は、両方ともできてメモリをたっぷり使ってもらえそうな、正真正銘のマイクロプロセッサでした。

　インテルにシステム事業部が発足し、フェデリコ・ファジンが部長に就きました。人事を任されたので、日本から嶋正利をスカウトして設計チームの責任者に据えました。これで体制が整いました。8008は、それ自体の性能はともかく、将来、徐々に性能を上げる足掛かりを築きました。そしてもうひとつ、マニアにとって歴史的な出来事を誘発します。

　アメリカの電子工作雑誌『Radio-Electronics』は1974年7月号で8008のコンピュータ、Mark-8を紹介しました。製作したのはバージニア工科大学の大学院生、ジョン・タイタスです。彼は投稿を繰り返して編集部からテクニカルライターの扱いを受けていましたが、プロの技術者ではありません。Mark-8はマニアが製作した最初のコンピュータとなりました。

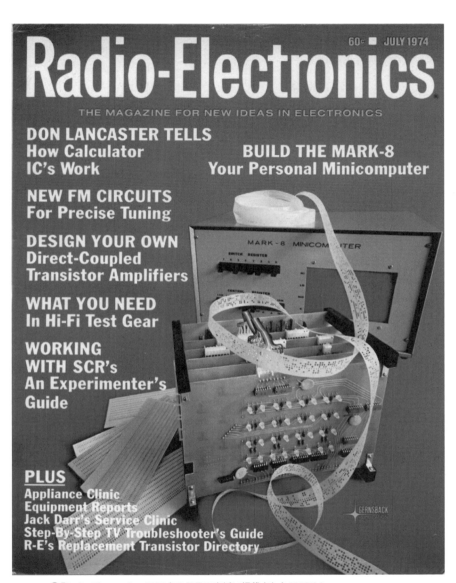

Radio-Electronics

60¢ ■ JULY 1974

THE MAGAZINE FOR NEW IDEAS IN ELECTRONICS

DON LANCASTER TELLS
How Calculator
IC's Work

BUILD THE MARK-8
Your Personal Minicomputer

NEW FM CIRCUITS
For Precise Tuning

DESIGN YOUR OWN
Direct-Coupled
Transistor Amplifiers

WHAT YOU NEED
In Hi-Fi Test Gear

**WORKING
WITH SCR's**
An Experimenter's
Guide

MARK-8 MINICOMPUTER

PLUS
Appliance Clinic
Equipment Reports
Jack Darr's Service Clinic
Step-By-Step TV Troubleshooter's Guide
R-E's Replacement Transistor Directory

⬆『Radio-Electronics』1974年7月号の表紙に掲載されたMARK-8

23

❶Mark-8の記事に差し込まれたプリント基板の価格表

　このころ、テクニカルライターたちは記事を書くと同時にキットを販売して切ないほど安い原稿料の穴を埋めました。典型例はダン・メイヤーで、自身のキットを通信販売する会社、SWTPCの社長を兼ねていました。SWTPCは、ゆくゆくモトローラの6800を採用したコンピュータのキット、SWTPC6800を発売してマニアのコンピュータ熱を煽ります。

　ジョン・タイタスもMark-8のキットを販売しようと考えましたが、全部の部品を揃える経済的な余裕がありませんでした。そこで、プリント基板とマニュアルのみを販売し、それ以外は作る側に揃えてもらう形をとりました。この雑なキットの形態は俗に「ルーズキット」と呼ばれ、ほどなくアメリカの各地で生まれたコンピュータクラブに定着します。

⊕ 8080—真に汎用的なマイクロプロセッサの原点

　1970年代前半、半導体の構造は、バイポーラ、PMOS、NMOSと進化しました。インテルの製品は、当初、半導体の構造と関連付けた4桁の型番で区別されました。たとえば、バイポーラの製品が3000番台、PMOSは1000番台、NMOSは2000番台です。この規則は、顧客がメモリの性質や性能を推察するのに役立ちましたが、それ以外の製品では無意味でした。

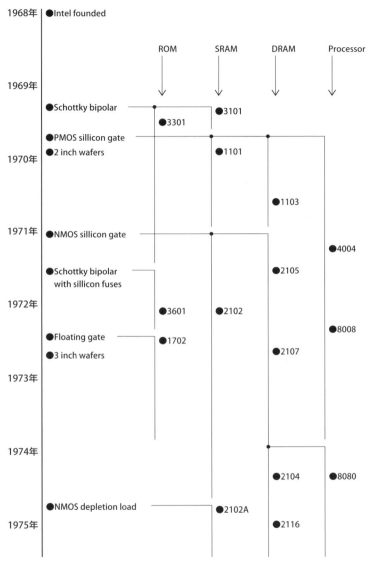

	ROM	SRAM	DRAM	Processor

1968年 — ●Intel founded

1969年

●Schottky bipolar
●3301
●3101

●PMOS sillicon gate
1970年 ●2 inch wafers
●1101

●1103

1971年 ●NMOS silicon gate
●4004

●Schottky bipolar
 with sillicon fuses
●2105

1972年 ●3601 ●2102

●Floating gate ●1702
●8008
●3 inch wafers ●2107

1973年

1974年

●2104 ●8080

●NMOS depletion load ●2102A
1975年 ●2116

⬆インテルの製造技術と代表的な製品（インテル創業15周年記念誌をもとに作図）

25

●インテルが世界で最初の汎用的なマイクロプロセッサと主張する8080（高速版）

フェデリコ・ファジンは、インテルに入社して電卓用ICと端末用ICの案件を知ったとき、これらの型番は演算回路のビット長に関連付けるべきだと考えました。しかし、新人の提案で型番の規則が更新される見込みはありません。そこで、カスタムICのために4000番台がほしいと申し出て、控えめな要求を装い、差しあたり電卓用ICに4004を振りました。

　フェデリコ・ファジンの期待どおり、顧客は4004が演算回路のビット長に由来する型番だと誤解しました。ですから、端末用ICの型番を決める際には、顧客の捉えかたにしたがうほうが得策だと主張して8008を振ることができました。彼の正念場となる次の仕事、正真正銘のマイクロプロセッサは、誰ひとり反対することなく、型番が8080に決まりました。

　フェデリコ・ファジンは彼なりのやりかたで権限を増し、8080を任された時点でもう物事を自由に決められる立場を築いていました。たとえば、インテルの設計指針に反して40ピンのパッケージを採用しました。おかげで、割り込みに対応し、DMAができる、1チップのCPUが完成しました。本書はこれを世界で最初のマイクロプロセッサと位置づけます。

　8080は1974年4月に発売されました。言い換えると、出来合いのCPUが市販され、一般的な電子回路の知識さえあれば誰でもコンピュータを作れる時代が幕を開けました。電子機器の市場は8080の前と後で様相が一変します。マニアの観点から象徴的な事例をあげれば、MITSが個人向けコンピュータを発売し、マイクロソフトがBASICを供給しました。

⊕ ラルフ・アンガーマン―ネットワークを夢見る自由人

　インテルのシステム事業部は8080を片付けてすぐ多数の周辺ICと数点のメモリを抱え込み、総勢50余名の大所帯となりました。フェデリコ・ファジンは嶋正利を設計チームの補佐へ異動し、新しい責任者にラルフ・アンガーマンを就けました。彼は、のちにザイログの共同設立者となります。ただし、Z80に注ぐ情熱で、ほかのふたりと温度差がありました。

ラルフ・アンガーマンは1942年にアメリカのユタ州で生まれました。カリフォルニア大学バークレー校で通信工学を学び、コリンズラジオに勤めながら、同大学院でコンピュータアーキテクチャの修士号を取得しました。彼の関心は一貫してコンピュータのネットワークにあり、それを小型の装置で実現することが、いつしか人生の目標となりました。

⬆ザイログの共同創業者、ラルフ・アンガーマン（1980年前後に撮影）

コリンズラジオはラルフ・アンガーマンの関心を満たす理想の職場でした。同社は1933年に創業した無線機の老舗ですが、第二次世界大戦の軍事需要で業態を拡大し、戦後はコンピュータと通信回線の開発に取り組みました。1968年には独自のネットワーク、C-Systemを備えたデジタル機器群を発売し、その小型化を目指して半導体工場を建設します。

ラルフ・アンガーマンが勤めたときコリンズラジオは半導体工場の試運転を兼ねて簡単な通信用ICを開発していました。彼は見習いの立場でその工程に立ち会いました。しかし、同社は行き過ぎた拡大路線が裏目に出て経営に行き詰まり、彼を含む多数の従業員を解雇します。結局、同社はロックウェルに買収され、通信用ICは完成に至りませんでした。

ラルフ・アンガーマンは職を失うのと引き換えに通信用ICの設計技術を身に着けました。その腕を見込んで、ウェスタンデジタルがシリアルインタフェースの設計チームに招きました。彼が担当したWD1402Aは1971年に完成し、すぐDECのミニコンと端末機に採用されて、以降の数年、業界標準となります。WD1402Aとともに、彼の名前も売れました。

ウェスタンデジタルは各種のICをスポットで開発しており、長期的な展望を持ちませんでした。ラルフ・アンガーマンは、より高性能な通信用ICを作りたかったので、インテルのフェデリコ・ファジンに手紙を書いて転職の希望を伝えました。フェデリコ・ファジンは業界の噂話で彼の業績を知っていたので、ただちに雇用し、自らのもとで重用します。

⊕ 単一5V電源で動くNMOSが表面化させたインテルの本音

フェデリコ・ファジンは8080の設計を終えて製造に回したあと次の製品のために半導体の改善を試みました。8080に採用したNMOSは、集積度が上がり、消費電力が下がり、速度が出ますが、主電源の5Vに加えて12Vと-5Vを必要とします。当時、インテルで研究が進んでいたイオン注入を実用化すれば、5Vだけで動くNMOSのICを作れるはずでした。

⬆NMOSデプレションロードのSRAM、2102（同等品）

　フェデリコ・ファジンは、かつてシリコンゲート技術を発明したとき
と同様、既存の技術に小さな工夫を加えてイオン注入の実用化を果たし
ました。さらに、イオン注入を利用してNMOSの負荷抵抗を調整し、デ
プレションロードと呼ばれる構造に仕上げて、単一5V電源のSRAMを
完成しました。1974年10月、それは2102の型番で発売されます。

　システム事業部は、以降、全部の周辺ICとメモリを新しいNMOSで設
計することに決めました。間もなく、シリアルとパラレルのインタフェー
ス、タイマ、DMAと割り込みのコントローラ、各種のメモリが開発を完
了しました。この一式で、立派なコンピュータが成立します。ただし、中
心に8080がある限り、それは引き続き5Vと12Vと-5Vを必要とします。

　このころ、モトローラの6800がライバルとして存在感を増していまし
た。6800は8080より少し遅れた1974年8月、主要な周辺ICやメモリと
ともに発売されました。この一式は古いNMOSですが、内部に電圧変換
回路を作り込む方法で単一5V電源を実現しています。コンピュータが
5Vだけで動くことは、当時の顧客にとってわかりやすい利点でした。

⬆単一5V電源で動くモトローラの6800（高速版）

インテルは8080を作り直すことにしました。フェデリコ・ファジンは、どうせ作り直すなら6800の長所をすべて取り込み、完全な優位に立とうと提案しました。上層部は、そこまでしなくていいから、開発費を抑え、短期間で市場に出すよう要求しました。本音は、8080と6800がバランスよく発展してくれたほうが、将来、メモリが売れるという判断でした。

フェデリコ・ファジンは、頑張れば提案をとおせる立場にありました。しかし、インテルがメモリを主力とする以上、今後もまた同じことが繰り返される懸念があります。彼はこの状況に嫌気が差しました。発明の報酬がストックオプションで支払われることも不満でした。当時、インテルの株価は中東戦争の影響で低迷しており、それはタダ同然でした。

フェデリコ・ファジンは退職して自分の会社を興そうと考えるに至り、ひそかに準備を進めます。差しあたり論理設計の技術者が必要なので、気心の知れた嶋正利とラルフ・アンガーマンに、それとなく相談を持ち掛けました。嶋正利は、一緒にやってくれそうな感触がありました。ラルフ・アンガーマンは、もうとっくに退職する意志を固めていました。

⊕ アンガーマンアソシエイツの設立

ラルフ・アンガーマンはフェデリコ・ファジンの引きでインテルに入社し、カスタムICの担当を経てシステム事業部で設計チームの責任者を務めていました。新しいNMOSが発明されるとすぐ製造工程を理解し、手始めにシリアルインタフェースを設計してみました。1975年9月、それは8251の型番で発売され、WD1402Aにかわって広く普及します。

ラルフ・アンガーマンの夢は、少数の小さな素子でコンピュータのネットワークを実現することにありました。インテルでの経験は彼の漠然とした構想に現実の目標を与えました。通信用ICを設計する自信はあり、あとはマイクロプロセッサが何とかしてくれそうでした。今こそまさに、退職して自分の会社でネットワークの開発に専念する頃合でした。

⬆アンガーマンアソシエイツが入居していた建物

ラルフ・アンガーマンの離婚した妻、エレンは、サザビーズ芸術大学大学院で近代美術の修士号を取得した芸術家で、けっこうな広さのアトリエを構えていました。ラルフ・アンガーマンは、まだインテルに籍があるうちから、厚かましくもエレンのアトリエを間借りし、プログラマを雇い、アンガーマンアソシエイツを名乗って副業に励んでいたようです。

　したがって、自分の会社を興すことは必ずしも無鉄砲な冒険ではありませんでした。エレンに頭を下げればアンガーマンアソシエイツのスペースを広げられるでしょうし、プログラマがいて、当面、足りないのはマイクロプロセッサの技術者だけでした。ちょうどそんなタイミングで、フェデリコ・ファジンがインテルを辞めて独立したいといってきました。

　ラルフ・アンガーマンとフェデリコ・ファジンは、動機がいささか異なるものの、結論で一致しました。ふたりはインテルを退職し、とりあえずアンガーマンアソシエイツを根城に定めました。嶋正利はフェデリコ・ファジンに誘われて、しばらくあと、最初の従業員になります。給料は未定で、そもそも支払える見込みがないという、あきれた条件でした。

　エレンのアトリエは、レストランやブティックが立ち並ぶ、瀟洒な街の2階建ての建物に入居していました。この建物は現在も存在し、グーグルの地図で見ることができます。エレンが選んだお気に入りの場所は、無職に等しい男たちによって、とんだ惨状と化しました。Z80の誕生に貢献したもうひとつの要素を挙げるなら、エレンの寛容な心といえます。

2 事業の始動

[第1章]
伝説の誕生

⊕ 製品の大枠を決定して開発を開始

　フェデリコ・ファジンとラルフ・アンガーマンがインテルを退職して
アンガーマンアソシエイツに集結したことは週刊の新聞『エレクトロ
ニックニュース』が伝えました。その記事を読んで、石油大手、エクソン
の投資部門が出資を持ち掛けてきました。願ってもない展開ですが、話
を詰めるとふたりの展望に隔たりがあり、事業計画の策定が難航します。

　フェデリコ・ファジンは高性能なCPUに周辺ICを集積した1チップ
のマイコンを作ろうと考えていました。ラルフ・アンガーマンは、既存の
コンピュータをネットワークでつなぐ小型の通信アダプタを作るつもり
でした。エクソンはふたりを仲裁するハメになり、結局、適度に高性能な、
個別のマイクロプロセッサと通信用ICを作ることで一致しました。

　エクソンは、出資にあたり、事業計画が実現可能と判断できる材料を
要求しました。フェデリコ・ファジンは嶋正利を最初の従業員にしまし
た。ラルフ・アンガーマンはチャーリー・バスを2番めの従業員にしまし
た。アンガーマンアソシエイツは才能に溢れた技術者で開発体制を固め、
エクソンの信頼を得て、1975年5月、40万ドルの出資を受けます。

　アンガーマンアソシエイツは、これを機会に社名をザイログと改め、
正式な登記を果たしました。ザイログは、Z（究極の）Integrated Logic
に由来する造語だそうです。会社の所在地は、のちに出稿されたZ80の
広告を見ると、1976年いっぱい、アンガーマンアソシエイツと同じです。
また、社名に添えてエクソンと提携していることが記されています。

Announcing Zilog Z-80 microcomputer products. With the next generation, the battle is joined.

The Z-80: A new generation LSI component set including CPU and I/O Controllers.

The Z-80: Full software support with emphasis on high-level languages.

The Z-80: A floppy disc-based development system with advanced real-time debug and in-circuit emulation capabilities.

The Z-80: Multiple sourcing available now.

Your ammunition: A chip off a new block.

A single chip, N-channel processor arms you with a super-set of 158 instructions that include *all* of the 8080A's 78 instructions with *total* software compatibility. The new instructions include 1, 4, 8 and 16-bit operations. And that means less programming time, less paper and less end costs.

And you'll be in command of powerful instructions: Memory-to-memory or memory-to-I/O block transfers and searches, 16-bit arithmetic, 9 types of rotates and shifts, bit manipulation and a legion of addressing modes. Along with this army you'll also get a standard instruction speed of 1.6 μs and all Z-80 circuits require only a single 5V power supply and a single phase 5V clock. And you should know that a family of Z-80 programmable circuits allow for direct interface to a wide range of both parallel and serial interface peripherals and even dynamic memories without other external logic.

With these features, the Z80-CPU generally requires approximately 50% less memory space for program storage

yet provides up to 500% more throughput than the 8080A. Powerful ammunition at a surprisingly low cost and ready for immediate shipment.

Mighty weapons against an enemy entrenched: The Z-80 development system.

You'll be equipped with performance and versatility unmatched by any other microcomputer development system in the field. Thanks to a floppy disc operating system in alliance with a sophisticated Real-Time Debug Module.

The Zilog battalion includes:
- Z80-CPU Card.
- 16K Bytes of RAM Memory, expandable to 60K Bytes.
- 4K Bytes of ROM/RAM Monitor software.
- Real-Time Debug Module and In-Circuit Emulation Module.
- Dual Floppy Disc System.
- Optional I/O Ports for other High Speed Peripherals are also available.
- Complete Software Package including Z-80 Assembler, Editor, Disc Operating System, File Maintenance and Debug.

On standby: Software support.

All this is supported by a contingent of software including: resident microcomputer software, time sharing programs, libraries and high-level languages such as PL/Z.

On standby: User support.

Zilog conducts a wide range of strategic meetings and design oriented workshops to provide the know-how required to implement the Z-80 Microcomputer Product line into your design. All hardware, software and the development system are thoroughly explained with "hands-on" experience in the classroom. Your Zilog representative can provide you with further details on our user support program.

Reinforcements: A reserve of technological innovations.

The Zilog Z-80 brings to the battlefront new levels of performance and ease of programming not available in second generation systems. And while all the others busy themselves with overtaking the Z-80, we're busy on the next generation—continuing to demonstrate our pledge to stay a generation ahead.

The Z-80's troops are the specialists who were directly responsible for the development of the most successful first and second generation microprocessors. Nowhere in the field is there a corps of seasoned veterans with such a distinguished record of victory.

Signal us for help. We'll dispatch appropriate assistance.

Zilog MICROCOMPUTERS

170 State Street. Los Altos. California 94022
(415) 941-5055/TWX 910-370-7955

Circle 33 on reader service card

AN AFFILIATE OF EXXON ENTERPRISES INC.

↑ザイログが最初に出稿した広告（所在地などが書かれた部分の周辺）

35

ザイログの社長は顔が広くて弁の立つフェデリコ・ファジンが引き受けました。当面の仕事は、エクソンの過剰な干渉を避けることでした。エクソンはマイクロプロセッサがインテルの8080となるべく似たものになることを期待していました。彼は8080の命令を実行可能とすることだけ約束し、あとは一任を取り付けて、独自の製品仕様をまとめました。

　ラルフ・アンガーマンは現場に近い地位を希望して副社長に就きました。彼は事業計画が確定したあともなおコンピュータのネットワークに未練を持ち、余計な意見が出ないうちに、小型の通信アダプタを念頭においた構造設計を済ませます。通信用ICに都合のいいバスなどを考えたつもりでしたが、それはマイクロプロセッサから見ても合理的でした。

　製品の名称は「Z80」と機能を表す3文字で構成しました。マイクロプロセッサはZ80 CPU、通信用ICに相当するシリアル入出力がZ80 SIOです。ほかにDMAコントローラのZ80 DMA、パラレル入出力のZ80 PIO、タイマのZ80 CTCを揃える予定がありました。なお、本書はマイクロプロセッサをZ80、周辺ICをSIO、Z80 DMA、PIO、CTCと表記します。

⊕ きわめて順調だった開発の工程

　論理設計からあと、すなわち机上の計画を現実の製品に仕上げる工程は嶋正利に任されました。最初にZ80、続いてZ80 DMA、PIO、CTC、SIOの順に完成させる予定が組まれました。一連の製品は新しいNMOSで製造して単一5V電源とすることが当然の了解でした。自前の半導体工場がなかったので、委託候補の製造技術を睨みながらの作業となりました。

　Z80の開発で最大の敵は時間でした。インテルが8080を単一5V電源に作り直していることは明白です。Z80はそれを機能で上回り、さほど遅れることなく発売する必要がありました。この競争はスタートの地点でもう約1年の遅れがありました。しかし、インテルは経験豊かな3人の技術者を失い、勢いを欠いたので、ゴールの付近では接戦となります。

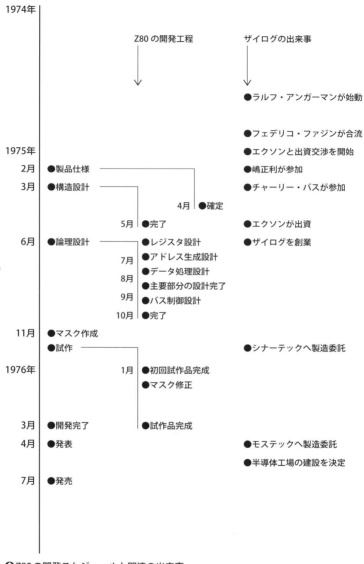

	Z80 の開発工程	ザイログの出来事
1974年		
		●ラルフ・アンガーマンが始動
		●フェデリコ・ファジンが合流
1975年		●エクソンと出資交渉を開始
2月	●製品仕様	●嶋正利が参加
3月	●構造設計	●チャーリー・バスが参加
4月	●確定	
5月	●完了	●エクソンが出資
6月	●論理設計　●レジスタ設計	●ザイログを創業
7月	●アドレス生成設計	
8月	●データ処理設計	
9月	●主要部分の設計完了	
	●バス制御設計	
10月	●完了	
11月	●マスク作成	
	●試作	●シナーテックへ製造委託
1976年		
1月	●初回試作品完成	
	●マスク修正	
3月	●開発完了　●試作品完成	
4月	●発表	●モステックへ製造委託
		●半導体工場の建設を決定
7月	●発売	

⬆Z80の開発スケジュールと関連の出来事

●8251―シリアルインタフェース (Photo―CPU Grave Yard)

●8253―タイマ ●SBC80―評価ボード

●8255―パラレルインタフェース (Photo―CPU Grave Yard)

●8257―DMA コントローラ

●8259―割り込みコントローラ

⬆インテルが第1弾として発売した8080の周辺IC

開発の終盤、マスクの作成に差し掛かったころ、インテルが周辺ICの一式を発売しました。それはラルフ・アンガーマンがインテルで開発を完了した、いわば置き土産でした。こうなることは読めていたので、Z80はインテルの周辺ICが使えるように設計されています。うまくいけば、インテルがZ80のために周辺ICの一式を揃えてくれた恰好になります。

　ザイログは開発を加速するため新たに3名のマスクデザイナを雇って嶋正利のもとに就けました。ひとりはインテルで8080の開発に協力してくれたロン・ショウ（資料によってはワン・シャまたは王紗）です。ほかのふたりは大学を卒業したばかりで、大きな戦力にはなりませんでした。新人の手に負えないところはフェデリコ・ファジンが手伝いました。

　開発の期間に大きく影響するのが試作の回数です。マスクを製造へ回してからダイが出来上がるまで約2か月が掛かります。それ以前の工程をいち早く駆け抜けたとしても、テストに失敗し、試作を繰り返したら台無しです。一般に試作は4回ほど行うようですが、Z80は2回めで完全に動作し、通常よりかなり早く開発を完了することができました。

　ザイログはエクソンから110万ドルの追加出資を受けてZ80の商業生産を開始する準備に取り掛かりました。また、開発環境を整備し、マニュアルを揃え、販売の体制を整えました。これらの仕事は、開発とは異なる才能が求められます。新しい人材が、おもにラルフ・アンガーマンの人脈で集められました。この時点で、ザイログの従業員は11人になりました。

⊕ 商業生産の委託先を巡るひと悶着で速度が向上

　当時、新しいNMOSで単一5V電源のICを製造できるのは、インテル、モステック、シナーテックの3社でした。ザイログはZ80の製造をシナーテックへ委託しました。どこで足をすくわれるかわからないので、Z80の正体は明かしませんでした。試作までは無事に隠しとおしました。しかし、商業生産を始める前に自ら発表せざるを得ない状況が生じます。

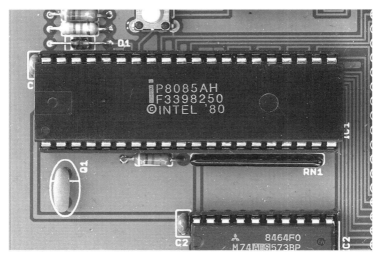

⬆インテルが8080の後継製品として発売した8085

　1976年3月、インテルが8080の後継製品、8085を発売しました。8085はZ80にまさる要素がほとんどありませんが、8080に比べるとたいへん使いやすくできています。傍観すれば、市場の関心が雪崩を打って8085へ向かう可能性がありました。ザイログはZ80の発表を早め、『エレクトロニックニュース』などに情報を流して市場の動きを牽制しました。

　この段階で発表を余儀なくされたことはザイログにとって痛い誤算でした。案の定、問題が発生します。シナーテックはZ80がやがてザイログに大きな利益をもたらすと読み、商業生産の条件として、法外な料金を提示しました。ザイログは、シナーテックの理不尽な要求を呑むか、振り出しに戻ってモステックと交渉するかの二者択一を迫られました。

　結論はすぐに出ました。フェデリコ・ファジンとシナーテックの副社長が罵り合いを演じ、椅子を蹴って別れたからです。これで、商業生産はモステックへ委託するしかなくなりました。もう失敗が許されないので、ザイログはまずモステックにZ80の外販を認めました。両社は一刻も早くZ80を売りたい気持ちで一致し、あとはすべてがうまくいきました。

●クロック 2.5MHz の Z80

●クロック 4MHz の Z80

⬆ザイログの基礎を築いた初期の Z80

　Z80 は 1976 年 7 月に発売されました。商業生産の委託先を切り替えた
ことは結果的にいい方向へ転がりました。モステックは他社に先駆けて
製造技術を発展させ、ザイログの手を煩わせることなく、Z80 の速度を上
げました。クロックの上限は、シナーテックの試作品が 2MHz でしたが、
モステックで製造すると 2.5MHz で動き、1 年後には 4MHz へ達します。

⊕ 8080 と比較して劣るところがひとつもない Z80 の機能

　フェデリコ・ファジンはインテルがマニュアルの販売でも荒稼ぎして
いることを知っていたので、ザイログに出版部門を設けました。ザイロ
グのマニュアルは、どれもだいたい 20 ドル前後で販売されました。日本
では 1 万円近くして自作派のマニアを悩ませました。現在はネットで閲
覧できて、Z80 を隅々まで調べたとしても一切の料金が掛かりません。

● Z80-CPU Technical Manual   ● Z-80 SIO Technical Manual

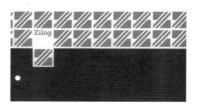

❶ザイログの初期のマニュアル

　Z80のマニュアルは随所で8080に対する優位性を強調しています。その
うちハードウェア寄りの主張は、8085でもうだいたい同等となってし
まいました。たとえば、電源が単一5V、クロックが単相、制御信号が復号
ずみです。しかし、8085はザイログが恐れたほどには売れず、当面の強敵
は相変わらず8080だったので、結果として妥当な比較となりました。

　Z80の明らかな優位性をまとめると、8080にできる処理が全部できて、
DRAMを接続しやすく、メモリの広い領域で便利に使える命令が追加さ
れていることです。また、ファミリーの周辺ICと組み合わせたとき割り
込みコントローラなしで優先順位付きのベクタ割り込みをやりますが、
それはもう少しあと、ファミリーの一式が揃ってからの話になります。

　DRAMの接続を想定して追加されたのは、リフレッシュのための機能
です。Z80はリフレッシュしていいタイミングで$\overline{\text{RFSH}}$（リフレッシュ要
求）を下げ、アドレスバスにリフレッシュ用の行アドレスを出力します。
この機能のおかげで、DRAMの制御回路が大幅に簡略化されますし、リ
フレッシュの挿入による動作の遅延を事実上なくすことができます。

Z8400/Z84C00 NMOS/CMOS
Z80® CPU
Central Processing Unit

FEATURES

The extensive instruction set contains 158 instructions, including the 8080A instruction set as a subset.

■ NMOS version for low cost high performance solutions, CMOS version for high performance low power designs.

■ NMOS Z0840004 - 4 MHz, Z0840006 - 6.17 MHz, Z0840008 - 8 MHz.

■ CMOS Z84C0006 - DC to 6.17 MHz, Z84C008 - DC to 8 MHz, Z84C0010 - DC to 10 MHz, Z84C0020 - DC - 20 MHz

■ 6 MHz version can be operated at 6.144 MHz clock.

■ The Z80 microprocessors and associated family of peripherals can be linked by a vectored interrupt system. This system can be daisy-chained to allow implementation of a priority interrupt scheme.

■ Duplicate set of both general-purpose and flag registers.

■ Two sixteen-bit index registers.

■ Three modes of maskable interrupts:
Mode 0—8080A similar;
Mode 1—Non-Z80 environment, location 38H;
Mode 2—Z80 family peripherals, vectored interrupts.

■ On-chip dynamic memory refresh counter.

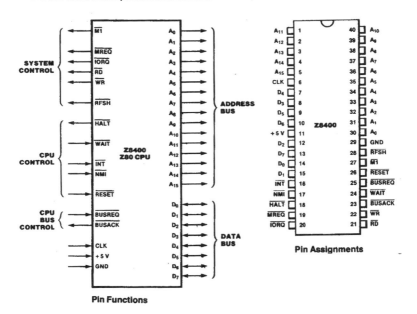

Pin Functions

Pin Assignments

⊕ Z80 の概要（1982 年発行のデータシートから転載）

43

A		S	Z		H		P/V	N	C	アキュムレータ / フラグ
B				C						8/16 ビットレジスタ
D				E						8/16 ビットレジスタ
H				L						8/16 ビットレジスタ

裏レジスタ

IX	インデックスレジスタ
IY	インデックスレジスタ

I	割り込みレジスタ
R	リフレッシュレジスタ

SP	スタックポインタ
PC	プログラムカウンタ

Z80にあって8080にはないレジスタ

フラグの働き—Sign, Zero, Halfcarary, Parity/oVerflow, Negative, Carry

	Register	Size (Bits)	Remarks
A, A'	Accumulator	8	Stores an operand or the results of an operation.
F, F'	Flags	8	See Instruction Set.
B, B'	General Purpose	8	Can be used separately or as a 16-bit register with C.
C, C'	General Purpose	8	Can be used separately or as a 16-bit register with B.
D, D'	General Purpose	8	Can be used separately or as a 16-bit register with E.
E, E'	General Purpose	8	Can be used separately or as a 16-bit register with D.
H, H'	General Purpose	8	Can be used separately or as a 16-bit register with L.
L, L'	General Purpose	8	Can be used separately or as a 16-bit register with H.
			Note: The (B,C), (D,E), and (H,L) sets are combined as follows: B — High byte　　C — Low byte D — High byte　　E — Low byte H — High byte　　L — Low byte
I	Interrupt Register	8	Stores upper eight bits of memory address for vectored interrupt processing.
R	Refresh Register	8	Provides user-transparent dynamic memory refresh. Automatically incremented and placed on the address bus during each instruction fetch cycle.
IX	Index Register	16	Used for indexed addressing.
IY	Index Register	16	Used for indexed addressing
SP	Stack Pointer	16	Holds address of the top of the stack. See Push or Pop in instruction set.
PC	Program Counter	16	Holds address of next instruction.

⬆Z80のレジスタ（英文の説明はデータシートの誤りと思われる部分を訂正して転載）

レジスタや命令体系は、きっちり8080と同じものを揃えた上で、独自の機能を拡張しました。プログラマは、差しあたり8080と同じように使い、経験に応じ、拡張された機能で改善を図ることができます。ちなみに、8085は、ほぼ8080のままです。Z80のマニュアルが8080との比較で強調したソフトウェア寄りの優位性は、8085に対しても同様に優位です。

Z80が8080から受け継いだレジスタのうち一般的な処理で多用されるAF、BC、DE、HLは、同じ機能の裏レジスタが追加されました。裏表は、AFがEX命令、ほかの一式がEXX命令で切り替わります。サブルーチンの前後でレジスタの内容を維持したいとき、通常はスタックへ退避/復帰しますが、状況が許すなら、裏表を切り替えるほうが遥かに高速です。

追加されたレジスタIXとIYは、必要なら変位を付けて、大半の処理でデータのアドレスを指定するために使えます。この機能により、特にテーブルの取り扱いがスマートにまとまります。ほかに、レジスタIがベクタ割り込み、Rがリフレッシュのために追加されています。こちらは、Z80の特徴的な機能を支えますが、便利かどうかという次元では語れません。

追加された命令は一般的な数えかたで約80個です。これらは8080の命令表で空欄となっている12か所に押し込められたので、一部を除いて余計な1バイトが付き、小さな処理に使うとむしろ速度を落とします。それを踏まえても効果的な代表例は、メモリの広い領域を連続的に取り扱うCPDR/CPIR命令、LDDR/LDIR命令、OTDR/OTIR命令などです。

⊕ セカンドソース契約とリバースエンジニアリング対策

ザイログがZ80を買ってもらうには安定供給を保証する観点からセカンドソースの存在が不可欠です。モステックはその役割を果たせません。初期のZ80には「DALLAS」(モステックの所在地)のマーキングがあり、モステックが製造したことを隠していません。万が一、ザイログが供給不能に陥ったとすれば、モステックもまた供給できないことになります。

●モステックの製品

●SGSトムソンの製品

◐初期のZ80同等品

Photo—CPU Grave Yard

　フェデリコ・ファジンはセカンドソースの契約をとるために奔走しました。アメリカの半導体メーカーはインテルかモトローラとうまくやっていて、競合する製品の製造を躊躇しました。そこで、彼はヨーロッパへ足を運び、どうにかSGSトムソンとの契約に成功しました。同社は、かつて彼が所属したSGSフェアチャイルドの歴史を受け継いでいます。

　フェデリコ・ファジンは同時にリバースエンジニアリングとの闘いを強いられました。リバースエンジニアリングは、端的にいうと、パッケージを壊し、ダイを観察して、同等品を作る手法です。明らかなマナー違反ですが、違法かどうかは司法の判断となります（現在は違法です）。社会主義国に限れば、法的に問題がなく、マナー違反の認識さえ希薄でした。

　日本電気はリバースエンジニアリングでZ80の同等品を開発しようと試みました。ソ連、東ドイツ、ルーマニアなどの半導体メーカーは露骨な丸ごとコピーを行いました。各社とも、以前、そうしたやりかたで8080の同等品を製造した実績があります。ところが、Z80では同じようにいきませんでした。Z80はダイの6か所に罠が仕掛けてあったからです。

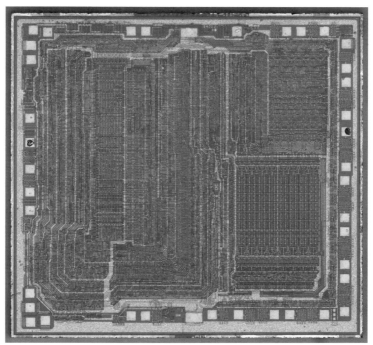

⬆リバースエンジニアリング対策を施したZ80のダイ

Photo—Pauli Rautakorpi

　ザイログはZ80の肝腎なところに余計なトランジスタを置き、製造の途中、イオン注入で無効にしました。そのため、丸ごとコピーして普通に製造すると、まったく動きません。写真を撮って拡大し、論理設計を読む方法でも、よく勘違いを誘います。これは、フェデリコ・ファジンが考案して嶋正利に伝授した、巧妙なリバースエンジニアリングの対策でした。

　日本電気はこの罠に引っ掛かり、開発の完了を半年ほど遅らせました。それでも完成させたので、ザイログは著作権侵害の訴訟を起こしました。勝ち負けより、発売を遅らせ、有利に和解することが狙いでした。実際、両社は和解を成立させています。ザイログは当時の売り上げで世界3位の半導体メーカーとセカンドソースの契約を結ぶ恰好になりました。

●日本電気のμPD780

●シャープのLH0080

⬆️初期の日本製Z80同等品（高速版）

　現在に至って振り返るとZ80のセカンドソースがいちばん多い国は日本です。シャープはいち早くザイログと正式な契約を結び、以降、長く良好な関係を続けます。1980年代まで範囲を広げれば、東芝とロームが加わります。Z80と同等品の出荷数量を国別で見ると、1位が日本、2位がアメリカ、3位がイタリアとなり、開発した技術者の出身国が並びます。

⊕ 半導体工場を建設してファブレスの立場を脱却

　Z80の開発が完了し、モステックで商業生産が始まったころ、ザイログでは自前の半導体工場が欲しいという思いが高まっていました。フェデリコ・ファジンは商業生産の委託先を巡るいざこざに懲りていましたし、販売の現場は、自前の半導体工場があればモステックのZ80が正真正銘のセカンドソースとなって、安定供給の信頼性が高まると主張しました。

半導体工場を持つには製造技術に精通した技術者と製造するべき製品と相応の資金が必要です。ザイログに足りないのは資金だけでした。フェデリコ・ファジンは、内心、ダメかもしれないと思いつつエクソンに掛け合ってみました。エクソンは、ザイログで周辺ICの開発が順調に進んでいることを踏まえ、将来性を買って500万ドルの追加出資に応じました。

　ザイログは半導体工場の建設担当として新たにレン・パーハムを雇用しました。彼はAMDとウェスタンデジタルで半導体工場の建設に携わり、カリフォルニアの不動産王、カール・バーグと親しい間柄でした。カール・バーグは彼の要請にこたえてシリコンバレーのど真ん中に用地を確保し、さらに半導体工場を専門とする建設業者まで紹介してくれました。

　ザイログの半導体工場は1976年下旬に稼働を始め、翌年1月に正しく動作するZ80の製造に成功しました。その後、ザイログは手狭になった本社も半導体工場の近くへ移転させました。カール・バーグがレン・パーハムの耳もとで囁いたとおり、1年後、本社のすぐ近くにアップルの工場が建設されました。アップルは、やがて、ザイログの大口顧客となります。

©Google

⬆カリフォルニア州クパチーノに建設されたザイログの半導体工場

⊕ 思い入れが強すぎて発売が遅れたと噂されるSIO

　Z80の周辺ICは試作の段階からザイログの半導体工場で製造された、いわば生え抜きの第1弾です。Z80 DMAとPIOとCTCは1977年初旬に発売されました。SIOは発売が遅れ、資料では同年下旬となっています。いずれも割り込みコントローラなしに割り込みを実行する機能を備え、この一式でインテルやモトローラの一式と同じ働きが実現します。

　周辺ICのうちSIOは開発の工程をとおしてラルフ・アンガーマンが手と口を出し、発売の遅れを招いたと噂される特別な製品です。それだけ

● Z80 DMA(DMAコントローラ)

● PIO(パラレル入出力)

● CTC(タイマ)

⬆1977年初旬に発売されたZ80の周辺IC

⬆1977年下旬に発売されたSIO（ボンディングオプション3種のうちの/2）

に、SIOの機能は同年代の他社製品に比べ、抜きん出ています。たとえば、インテルの8251やモトローラの6850が無手順のシリアルなのに対し、SIOはSDLCに対応可能な2チャンネルのシリアルを持っています。

　SDLCは1975年にIBMが発表した通信手順で、中型のコンピュータと周辺機器を結ぶネットワークで使われました。すなわち、SIOは最先端の通信手順をいち早く取り入れたことになります。まさか、Z80のコンピュータにIBMの周辺機器をつないだりはしないので、中型のコンピュータに増設する通信アダプタで使ってもらう想定だと思われます。

⬆SDLCを実装したIBM3770データコミュニケーションシステムの周辺機器群

残念ながら、ラルフ・アンガーマンの努力はことごとく裏目に出ます。従来型コンピュータの業界ではマイクロプロセッサと周辺ICがまだマニアのおもちゃと捉えられていて、現実のSDLCは小規模なICの組み合わせで実装されました。こうした偏見が払拭されるまで約2年を要し、その間、SIOは余計な機能が付いた無手順のシリアルとして使われました。

　信号の中継や変換ができるようにシリアルを2チャンネル造り込んだことも厄介な問題を招きます。パッケージのピンが足りなくなり、片方だけ制御線を簡略化することにしたのですが、どれを省略したらいいか判断しかね、結局、3種類のボンディングオプションが生まれました。電子機器のメーカーは、調達の煩わしさを嫌い、採用をためらいました。

　これら狙いを外した努力のせいでSIOの発売は周辺ICの中で最後に回ります。通常、電子機器の開発では、まずシリアルのインタフェースを完成させて端末をつなぐものですが、Z80の発売から1年以上、ザイログはそのための製品を提供できませんでした。シリアルを必要とする顧客には、止むを得ず、インテルの8251を紹介することになりました。

⊕ 製品を売るための製品

　Z80と主要な周辺ICが揃った1977年、ザイログでフェデリコ・ファジンとラルフ・アンガーマンに次ぐナンバー3はダグ・ブロイルズでした。彼はシリコンバレーの新興企業を渡り歩いてザイログへ辿り着き、豊富な経験に基づいて未熟な経営陣を支えました。Z80ファミリーの発売にあたっては、販売計画を練り、ときには技術者として腕を振るいました。

　ダグ・ブロイルズはZ80ファミリーに不慣れな技術者の製品開発を助けるために各種の評価ボードを作りました。評価ボードは機能別に10点あり、その組み合わせで用途や予算に合ったコンピュータを構成することができます。簡単な製品の試作機はすぐに完成しますし、独自の機能が必要な場合に備えてワイヤラップボードなども用意されました。

Z·80 Microcomputer Board Series

Zilog Z80 Microcomputer Board Series provides a modular approach to a complete computing and processing system. This series consists of a Microcomputer Board, Memory/Disk Controller Board, RAM Memory Board, Input/Output Board, PROM Memory Board, PROM/EPROM Programmer Boards, Serial I/O Board and Video Display Board. It also includes Card Chassis, Extender, Wirewrap Boards, and software as additional items.

The series is designed with Zilog's Z80-CPU processor and its 158 instruction set. It provides a very powerful computer system in a compact size with memory expansion to 64K bytes. Each board is bus compatible and directly interfaces to all other boards offered as part of the series.

⦿ザイログ純正の評価ボード Z80 MCB シリーズのカタログ

53

⬆SIOではなく8251を採用したシリアル入出力ボードZ80-SIB

　評価ボードのうちシリアル入出力ボードは、当初、SIOを採用する予定でしたが現物が間に合わず、急遽、設計を変更してインテルの8251で代替しました。その回路は、Z80とインテルの周辺ICを組み合わせたい技術者に手本を示しました。ザイログはZ80の発売によって図らずもインテルの周辺ICとメモリの売り上げを後押しする恰好になりました。

　ダグ・ブロイルズは引き続き開発環境の充実に努め、ただ評価ボードを組み合わせるだけの作業でさえままならない技術者のために至れり尽くせりの開発装置、ZDS-1を完成させました。ZDS-1は、既存の主要な評価ボードと新規に製作したインサーキットエミュレータ、EPROM書き込み装置、フロッピーディスクをまとめてケースに収めたものです。

⊕ザイログ純正の開発装置ZDS-1

　ダグ・ブロイルズのもとにはアンガーマンアソシエイツから引き継い
だ優秀なソフトウェアチームがありました。彼らはZ80と周辺ICの開発
工程を各種のシミュレータで支援し、発売後は顧客にアセンブラなどの
開発ツールを提供しました。ZDS-1は、ちょうどこれら一連の仕事が片
付いたタイミングで完成し、彼らに新しい活躍の場所を与えます。

⊕ あり余る開発力が完成した汎用コンピュータ

　ソフトウェアチームの責任者、ディーン・ブラウンは、修士号と博士号
をいくつも持つ学究肌で、よく突飛な課題に取り憑かれます。彼は以前、
コンピュータユーゼイジでスパコンのOSとFORTRANを作った経験が
あり、ZDS-1で同じことをやろうとしました。このやや無理がある試み
は、職制上、止める者がおらず、OSと高級言語の開発が始まります。

ソフトウェアチームの現場で活躍したのはチャーリー・バスです。彼はハワイ大学大学院で電気工学の博士号を取得し、カリフォルニア大学バークレイ校の職員を経て、ザイログがまだアンガーマンアソシエイツを名乗っていたとき2番めの従業員になりました。若手ながら職歴では古参にあたり、腕前も折り紙付きで、開発のまとめ役を務めました。

　1977年下旬、ソフトウェアチームはZDS-1で動くZDOS、FORTRAN、COBOL、PL/Z、BASICを揃えました。この一式は、MCZ-1の名前で販売されました。MCZ-1の本体はZDS-1そのものですが、開発装置の位置づけではなく、ミニコンの置き換えを狙った汎用のコンピュータです。以降の一時期、ザイログはコンピュータのメーカーを目指して迷走します。

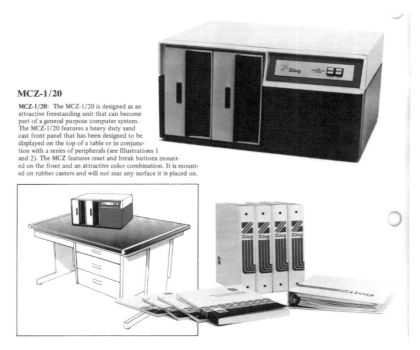

MCZ-1/20

MCZ-1/20: The MCZ-1/20 is designed as an attractive freestanding unit that can become part of a general purpose computer system. The MCZ-1/20 features a heavy duty sand cast front panel that has been designed to be displayed on the top of a table or in conjunction with a series of peripherals (see Illustrations 1 and 2). The MCZ features reset and break buttons mounted on the front and an attractive color combination. It is mounted on rubber casters and will not mar any surface it is placed on.

↑ザイログが汎用コンピュータの位置づけで発売したMCZ-1

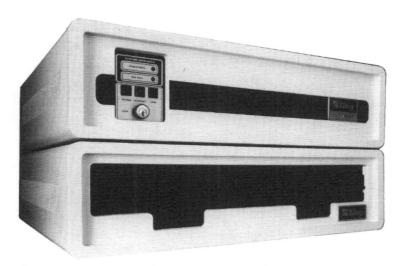

⬆汎用コンピュータの第2弾MCZ-2

　ラルフ・アンガーマンはソフトウェアチームの実力に感心し、封印していたネットワークへの情熱を再燃させました。彼の指示で、MCZ-1をシリアルのLANで結ぶプロトコルスイートの開発が始まりました。それは1年後に完成し、Z-Netと名付けられました。Z-Netはマルチタスク／マルチユーザーのカーネルを持ち、外見上、UNIXのように動きます。

　コンピュータの販売は成り行きで始まってしまった道楽のような事業です。それが技術的に素晴らしい成果を上げてエクソンの期待を背負う恰好になりました。実際のところMCZ-1はあまり売れなかったので、ザイログはこの事業から手を引こうとしました。しかし、エクソンの強い意向で継続し、その後もMCZ-2ほか数台のコンピュータを販売します。

3 市場の反応

[第1章]
伝説の誕生

⊕ 立ち上がりを支えたエクソンと関連会社

　1970年代後半、マイクロプロセッサの世代交代は、ためらいがちに進みました。旧製品より遥かに優れた新製品が普及に数年を要しています。その理由は、よくいわれるように未熟な技術者が身に着けた知識の更新を嫌ったから、だけでなく、優秀な技術者がトランジスタを1万個近く集積したICの信頼性に疑いを持ち、様子見をしたからだと思われます。

　ザイログのZ80は機能で既存のマイクロプロセッサを上回り、命令体系も評判をとったインテルの8080に対して上位互換ですが、当初、売れ行きで苦戦しました。1976年の出荷数量は、モステックが外販した分を含めても2万個に届きません。ちなみに、同年、8080の出荷数量はインテルだけで25万個強、他社の同等品を含めると約44万個にのぼります。

　この間、Z80の需要を支えたのはエクソンの関連会社でした。当時、エクソンは石油と並ぶ事業の柱を電子産業に求め、有望な会社の買収や出資による取り込みを繰り返していました。そのうち、バイデックがワープロ、クイップがファクシミリ、クイクスがタイプライタにZ80を採用しました。おかげで、ザイログは立ち上がりの苦境を乗り切りました。

　エクソンは、内心、関連会社の1社だけでも第2のIBMに成長してくれたら大成功だと考えていました。ザイログは、実績こそ他社に劣るものの、マイクロプロセッサの開発に成功し、汎用のコンピュータを製造して、第2のIBMとなる期待を抱かせました。エクソンにとってザイログはいちばんの優等生であり、折に触れ、特別な計らいを受けています。

⬆エクソンの広告で紹介された関連会社の活動

	1976年	1977年	1978年	1979年	1980年
◉8080合計	439	1092	1955	3163	3040
インテル	255	515	705	780	755
AMD	67	165	435	1080	740
NS	10	150	375	785	950
テキサスインスツルメンツ	65	100	135	80	
日本電気	42	162	305	360	495
ジーメンス				78	100
◉8085合計		40	385	1700	2975
インテル		40	350	1085	1825
AMD			5	200	310
日本電気			30	400	840
ジーメンス				15	
◉6800合計	106	524	1065	1515	1697
モトローラ	90	435	570	760	815
AMI	16	89	130	135	131
フェアチャイルド			270	150	130
日立製作所			70	425	440
富士通					100
EFCIS				45	81
Sescosem			25		
◉6802合計			180	1085	2670
モトローラ			180	990	1955
AMI				50	159
フェアチャイルド				45	404
富士通					120
EFCIS					32
◉6502合計		755	1500	1335	4615
モステクノロジー		280	225	305	
コモドール					1200
ロックウェル		225	595	230	1340
シナーテック		250	680	800	2075
◉Z80合計	18	180	840	2125	4735
ザイログ	5	95	550	1270	2750
モステック	13	85	260	515	1270
日本電気			30	260	530
SGSトムソン				80	185

単位─1000個

➊マイクロプロセッサの年間出荷数量（データクエスト調べ）

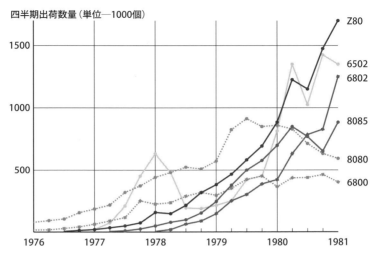

四半期出荷数量（単位―1000個）

1500
1000
500

1976　1977　1978　1979　1980　1981

Z80
6502
6802
8085
8080
6800

⬆マイクロプロセッサの四半期出荷数量（データクエスト調べ）

　Z80の強敵になると思われたインテルの8085は、やはり立ち上がりで、Z80よりひどく躓きました。1976年の出荷数量は統計上「なし」ですし、旧製品の8080を超える時期さえ3年後です。こちらは、エクソンの野望を潰しておきたいIBMが、IBM System/23 Datamasterに採用して勢いを付けましたが、結局、製品寿命を終えるまでZ80を超えませんでした。

⊕ MITSが8080で動く個人向けコンピュータAltairを発売

　初期のマイクロプロセッサがどの分野で多く使われたのかを端的に示す資料は見付かりません。ただし、出荷数量の推移が個人向けコンピュータの人気と関連しています。実際、電子機器のメーカーがマイクロプロセッサの実力を評価しかねた期間、強い関心を示したのはマニアでした。彼らの需要は、出荷数量に少なからぬ割合を占めたものと見られます。

↑コンピュータ歴史博物館に展示された Altair と関連装置

目立って売れた最初の個人向けコンピュータは1975年1月にMITSが発売したAltairです。Altairはインテルの8080と256バイトのSRAMを備え、当面、唯一の入出力装置がフロントパネルのスイッチとLED、価格は498ドル、キットなら397ドルというものでした。この最悪で格安のコンピュータが、実用性に頓着しないマニアの需要を掘り起こしました。

　MITSは電子工作のキットを販売する会社で、電子工作雑誌『Popular Electronics』に毎号、広告を出していました。その縁でAltairの紹介記事を組んでもらうとすぐさま注文が殺到し、毎月2500台が出荷されるヒット商品になりました。注文してから実物を手にするまで3か月ほど掛かり、待ちきれない人がMITSにクルマで押し掛けて駐車場を埋めました。

　Altairの内部にはのちにS-100バスと呼ばれる21本のスロットがあって機能の追加や挿し替えができます。発売から3か月後、カタログにパラレルボード、シリアルボード、DRAMボード、テレタイプの端末、マイクロソフトのBASICが追加されました。これで、端末を操作してBASICでプログラムを書く、個人向けコンピュータのスタイルが確立します。

　Altairの発売をきっかけにアメリカの各地でコンピュータクラブが結成されました。腕に覚えのあるマニアは自作したS-100バスのボード類を見せびらかし、評判がいいとプリント基板にマニュアルを付けて、いわゆるルーズキットを販売しました。ビジネス感覚に長けたマニアは、この状況を商機と捉え、会社を設立して完成品の販売を始めます。

⊕ クロメムコがAltairのボード類を発売

　スタンフォード大学IC研究所の副所長、ロジャー・メレンは趣味でデジタルカメラを作り、『Popular Electronics』に製作記事を書きました。原稿を持って編集部を訪ねると、偶然、写真撮影用にでっちあげたAltairの模型がありました。彼は紹介記事が出る前にAltairが発売されることを知ります。それは、課題だったデジタルカメラの制御に最適でした。

⬆クロメムコのデジタルカメラCYCLOPS

　ロジャー・メレンは帰りの足でMITSに立ち寄り、Altairを2台、予約
しました。1台はスタンフォード大学の同僚、ハリー・ガーランドの分で
した。ふたりは学生時代に趣味の電子工作を通じて知り合い、以来、協力
してデジタルカメラの製作に打ち込んできました。ハリー・ガーランド
もまたAltairに興味を示すであろうことは尋ねるまでもありません。

　ロジャー・メレンとハリー・ガーランドのAltairは初回の出荷で届き
ました。それは確かに、デジタルカメラの制御で過不足のない能力を発
揮しました。1年後、デジタルカメラの改良機、その画像をAltairのメモ
リに取り込むボード、メモリの画像をテレビに映すボードが完成します。
ふたりは、『Popular Electronics』にこれらの製作記事を書きました。

　当時の電子工作雑誌は製作記事の書き手が製作物を販売するといえば
一画に告知を差し込みました。ロジャー・メレンとハリー・ガーランドは、
前回、連名でデジタルカメラを販売しましたが、注文は少数でした。今回、
一連の製作物は製品といっていい自信作です。ふたりは注文の受け付け
窓口となる会社、クロメムコを設立し、腰を据えて販売を始めます。

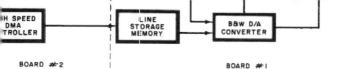

BOARD #2   BOARD #1

PARTS LIST

IC24—F3342DC 64 x 4 MOS shift register (Fairchild)

IC26—SN74151N 8-line to 1-line data selector

IC34,IC46,IC54—SN74175N quadruple D-type edge-triggered flip-flop

IC36,IC53,IC55,IC61,IC63,IC64— SN7475N quadruple bistable latch

IC38—SN7402N quadruple 2-input positive OR gate

IC41—SN74LS10N triple 3-input positive NAND gate

IC44—SN74LS30N 8-input positive NAND gate

IC47—SN74LS08N quadruple 2-input positive AND gate

IC57—SN7495N 4-bit universal shift register

IC58,IC59,IC65,IC72,IC73—SN74LSO4N register

IC60,IC62—SN7483N 4-bit binary full adder

IC66,IC67,IC74—SN7405N hex inverter with open collector

IC68,IC69,IC70,IC71—SN74367 hex tri-state buffer

Q1—2N3904 transistor

Q2,Q3—2N3906 transistor

Following resistors are 5%, 1/4 watt:

R1—150 ohms

R2,R3—1000 ohms

R4—470 ohms

R5,R6,R7,R29—1200 ohms

R8,R10—9100 ohms

R9—18,000 ohms

R11—7500 ohms

R12—15,000 ohms

R13—62,000 ohms

R14—30,000 ohms

R15 through R20—13,000 ohms

R21—820 ohms

R22—1500 ohms

R23—330 ohms

R24—220 ohms

R25—51 ohms

R26—100 ohms

R27—22 ohms

R28—680 ohms

R30,R31,R32—500-ohm trimmer potentiometers

XTAL—3.579545 MHz

Misc.—IC sockets (74), heat sinks (2), mounting hardware

Note: The following are available from Cromemco, 1 First St., Los Altos, CA 94022: complete set of parts less IC sockets at $195; with IC sockets at $215, assembled and tested Dazzler for $350. California residents please include sales tax. Prices include postage for orders shipped within the U.S. Partial kits are not available. The schematic and foil patterns are available *free of charge* by sending a stamped (for 3 oz.) self-addressed 9" by 12" envelope to Cromemco, 1 First St., Los Altos, CA. 94022.

ntains an NTSC color TV signal generator with output
ommunicates with the computer and modulates the TV signal.

picture produced by the Cyclops solid-state camera (POPULAR ELECTRONICS, February 1975). With the Cyclops picture either processed or un-

How It Works. A block diagram of the Dazzler is shown in Fig. 1. Most of the components on board #1 are used to generate a conventional NTSC (Na-

⑥『Popular Electronics』1976年2月号の製作記事に差し込まれたクロメムコの告知（囲み右下）

CHAPTER●3—市場の反応

クロメムコの製品で評判をとったのは意外にもデジタルカメラではなく Altair に挿すボード類でした。最初、画像をテレビに映すボードがゲームのマニアに売れました。そこで、アナログボードとジョイスティックとゲームソフトを発売しました。すると、Altair にセンサーをつないで機械制御をしようとする人たちが現れ、アナログボードが売れました。

　これらの製品は、結果として、MITS が気付いていない Altair の弱点を補いました。クロメムコはそれこそが期待される役割だと自覚しました。

●メモリの画像をテレビに映すボード TV Dazzler（2枚構成）

●ジョイステックがつながるアナログボード D+7AI/O

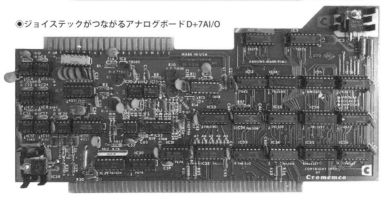

⬆クロメムコが販売した初期の代表的な製品

⬆EPROMの読み書きができるボードBYTESAVER

早急に改善したいAltairの弱点は、電源を入れるたびにプログラムを紙テープからRAMへ読み込む構造でした。同社はEPROMの読み書きができるボードを発売し、手間と時間とメモリへの出費を減らしました。

クロメムコは引き続きAltairの性能向上に取り組みます。Altairの働きはS-100バスに挿さったボード類が実現しています。現状、インテルの8080が乗ったCPUボードを、より高性能なマイクロプロセッサで作り直せば、状況が一変するかもしれません。そんな風に考えている矢先、ザイログからお誂え向きのマイクロプロセッサ、Z80が発表されたのです。

⊕ Altairに挿さるZ80のCPUボードが登場

1976年7月、ザイログの倉庫には発売前のZ80が山積みされていました。そこへひとりの男性が現れ、半ば強引に200ドルを支払って最初の顧客となりました。のちにフェデリコ・ファジンは「思えばあれはロジャー・メレンだった」と述べています。ラルフ・アンガーマンが「いや日本電気の技術者だった」と口を挟むのですが、これは悪い冗談だと思われます。

Cromemco

4 MHz CPU card

Available Nov. '76

2 or 4 MHz switch — Z80/4 CPU

2–5X MORE THROUGHPUT

Here is by far the most powerful CPU card now available.

It's Cromemco's new ZPU™ card. It uses the slick new Z-80 chip—in fact, it uses the even faster Z80/4 high speed version of the Z-80—and it's the *only* card that does. The Z80/4 is certified by its manufacturer for 4 MHz operation.

The Z80/4 has all the advantages of the 8080 and 6800—and enormously more.

And Cromemco's new ZPU does enormously more.

4 MHz CLOCK RATE

First, the ZPU lets you choose either a 2 or 4 MHz crystal-controlled clock rate. Right away that means you can have twice the throughput. Cuts program running time in half. Then the instruction set of the Z80/4 reduces software even more.

The 2 or 4 MHz clock rate is switch-selectable as shown in the above photo.

POWER-ON MEMORY JUMPS

Cromemco's ZPU also has some neat design innovations of its own.

For example, you'll like the simplified operation you get because upon power turn-on the ZPU will jump to any desired 4K boundary in memory. No switch flipping to go through to begin your program.

SELECTABLE WAIT STATES

Cromemco engineers have also arranged that your present systems will always be useful with the new ZPU. To do this, the ZPU has been designed to have jumper-wire-selectable wait states on the card.

These simplify interfacing with your present memory or I/O even at 4 MHz operation.

80 ADDITIONAL INSTRUCTIONS

You've probably heard that the Z-80 with its 80 new additional instructions is by far the most powerful chip around. It's true.

That means with the ZPU you will be able to devise much more powerful (as well as faster) software than before.

ALTAIR/IMSAI COMPATIBLE WITHOUT MODIFICATION

Yes, the new ZPU is plug-compatible with the Altair 8800 and IMSAI 8080. Just remove the existing CPU, plug in the ZPU card, and you're up and running.

Further, the Cromemco ZPU is the only card guaranteed to work with all present and future Cromemco peripherals. (Cromemco manufactures the popular BYTESAVER™ memory, the TV DAZZLER™, the D+7A™ analog interface board, a joystick console, and others.

INCLUDES FREE SOFTWARE

The ZPU comes with our powerful Z-80 monitor, complete documentation, source code, and paper tape object code. The monitor is also available in PROM ($75) for use in our BYTESAVER memory board.

STORE/MAIL

The new ZPU is available as a kit or assembled. Look into it now because you can see demand will be strong.
ZPU kit (Model ZPU-K) $295
ZPU assembled
(Model ZPU-W) $395

⬆クロメムコのカタログに掲載された Z80 の CPU ボード ZPU

1976年後半、クロメムコを含む数社がZ80で作り直したAltairのCPU
ボードを発売しました。クロメムコの製品はCPUボードを挿し替えたと
きに起こり得るさまざまな問題の対策をとったので価格が395ドルにな
りました。テクニカルデザインラボは、そこまでは頑張らずに価格を269
ドルに抑えました。SDシステムズはキットを199ドルで販売しました。

　Z80で動くCPUボードは、クロメムコとテクニカルデザインラボがと
もにZPUと名付けたことから、それが総称となりました。ZPUとAltair
の組み合わせによって曲がりなりにもZ80で動く個人向けコンピュータ
が誕生しました。しかし、Z80が合理的に動作しているわけではありませ
ん。なぜなら、Altairが8080にべったりの構造となっていたからです。

　Z80は8080のソフトウェアを実行しますが、ハードウェアは別物です。
ZPUは8080と同じ信号（たとえばステータスをデコードした信号）を揃
えるために本来は不要な回路を備えました。Z80の特徴を生かすことは
なおさら困難でした。独自の割り込みやDRAMにリフレッシュを促す
機能はS-100バスに信号を出す場所がなく、有効に使われませんでした。

　このころ、MITSのAltairには他社の互換機が加わり、8080の大きな
共通基盤を成立させていました。ほかのマイクロプロセッサは入り込む
余地がなく、Z80でさえ窮屈でした。ですから、ほかのマイクロプロセッ
サは独自に活躍の場を模索しました。その中から新しい個人向けコン
ピュータのスタイルが誕生し、Z80も、やがてそちらの側へ回ります。

⊕ アップルが6502で動くパソコンApple IIを発売

　1976年7月、アップルがいかにもマニア向けのコンピュータ、Apple I
を発売しました。ケースなしのマザーボードで、総販売数が200台ですか
ら、衝撃的な登場だったとは思われません。しかし、ディスプレイとキー
ボードが直接つながり、BASICがカセットテープで供給されるなど、機
能的には斬新で、今日に至り、次世代への転換点になったとされます。

⬆アップルの最初の製品となったApple I

　Apple Iを設計したスティーブ・ウォズニアクはコンピュータの仕組みに精通し、ただ作るだけなら簡単なので、少数の安価な部品で作ることを目指しました。彼は、個人向けコンピュータで実現される典型的な機能を1枚のマザーボードにまとめて回路の無駄を排除しました。そして、マイクロプロセッサにモステクノロジーの6502を採用しました。

　6502はモトローラから転職したチャック・ペドルと数人の技術者たちが開発しました。彼らの目標は、圧倒的な高性能ではなく、ダイを縮小して価格を下げることでした。レジスタの構成と命令の働きは簡素化されましたが、プログラムの書きかた次第で平均的な速度が出ます。その方向性が、まさにスティーブ・ウォズニアクの価値観と一致しました。

　アップルの代表、スティーブ・ジョブズはビジネス感覚に長け、次はマニアでなくても使えるコンピュータを作ってより広い市場で勝負しようと考えました。1977年4月、同社が発売したApple IIは、6502が乗ったマザーボード、電源、キーボードの一式が流麗なケースに収まり、ただ家庭用のテレビをつなぐだけでBASICを操作することができました。

Why Apple II is the world's best selling personal comput

satisfaction a personal compu
bring, today and in the future.

15 colors & hi-resolu
graphics, too

Don't settle for a b
white display! Con
Apple to a color T
BASIC gives you
command of three
modes: Text, 40h
Color-graphics in
and a 280h x 192
Res
arra
lets
gra
co
3-l
Ap
you
capability of c
text and graphics

W hich personal computer will be
most enjoyable and rewarding for you?
Since we delivered our first Apple® II
in April, 1977, more people have chosen
our computer than all other personal
computers combined. Here are the
reasons Apple has become such an
overwhelming favorite.

Apple is a fully tested and assembled
mainframe computer. You won't need
to spend weeks and months in assembly.
Just take an Apple home, plug it in,
hook up your color TV* and any cassette
tape deck — and the fun begins.

To ensure that the fun never stops,
and to keep Apple working hard, we've

owners on top of what's new.
Apple is so powerful and easy to use
that you'll find dozens of applications.
There are Apples in major universities,
helping teach computer skills. There
are Apples in the office, where they're
being programmed to control inven-
tories, chart stocks and balance the
books. And there are Apples at home,
where they can help manage the family
budget, control your home's environ-
ment, teach arithmetic and foreign
languages and, of course, enable you
to create hundreds of sound and
action video games.

When you buy an Apple II you're
investing in the leading edge of tech-
nology. Apple was the first computer
to come with BASIC in ROM, for
example. And the first computer with
up to 48K bytes RAM on one board

Back to basics, a
assembly language t

Apple speaks three langua
integer BASIC, floating point
for scientific and financial app
and 6502 assembly language.
maximum programming flexib
to preserve user's space, both
BASIC and monitor are perm
stored in 8K bytes of ROM, s
have an easy-to-use, universal
instantly available. BASIC giv
graphic commands: COLOR=
HLIN, PLOT and SCRN. And
memory access, with PEEK,
and CALL commands.

Software: Ours and y

There's a growing selectic
programmed software from th
Software Bank — Basic
Finance, Checkbook, High

⊕1977年の雑誌に掲載された Apple II の広告

このころ、個人向けコンピュータは既存のどのコンピュータとも異なる使いかたを確立しつつありました。すなわち、必要なときに電源を入れ、ビデオ端末で操作し、プログラムをBASICで書きます。Apple IIは、こうした事情を念頭に置いて個人向けにふさわしい機能と外観と使い勝手を実現したものであり、そのスタイルはのちにパソコンと呼ばれます。

　個人向けコンピュータをマニアの占有物ではなくすと思われたApple IIは、当初、ズボラなマニアに売れただけでした。転機は2年後に訪れます。1979年、ビジコープが表計算ソフト、VisiCalcを発売すると、事務系の職場でApple IIの需要が急増し、1982年には年間出荷数が30万台に達します。スティーブ・ジョブズの狙いは、こうして達成されました。

　時系列の解釈によっては、世界で最初のパソコンをコモドールのPET 2001とする場合があります。PET 2001はApple IIより先（1977年1月）に発表され、あと（同年10月）で発売になりました。本体にディスプレイ、

↑コモドールのPET 2001

Photo—Rama

⬆️ モステクノロジーの6502

Photo — cpu-collection.de

キーボード、カセットテープなど、必要なものと、あれば便利なものがあらかじめ一体になっていて、電源を入れるとすぐBASICが起動します。

　PET 2001のマイクロプロセッサもまた6502で、PET 2001自体、モステクノロジーのチャック・ペドルが設計したといわれます。6502はPET 2001とApple IIのおかげで売り上げを伸ばし、1978年第1四半期に64万個を出荷してすべてのマイクロプロセッサで最多となりました。ちなみに、このとき8080は44万個、6800は23万個、Z80は16万個でした。

　こうした追い風にもかかわらず、モステクノロジーは業績を悪化させます。当たったのは6502と関連の製品だけで、それ以外、たとえば電卓用ICなどはまったく売れませんでした。同社の経営はほどなく行き詰まり、やがてコモドールに買収されます。6502は引き続き販売されますが、1980年以降の統計で、それはコモドールの売り上げとなっています。

⊕ タンディがZ80で動くパソコン TRS-80 を発売

　1977年11月、タンディがザイログのZ80で動くパソコン、TRS-80を発売しました。これが、Apple II、PET 2001と並んで御三家と呼ばれることになります。TRS-80は本体とキーボードが一体になっていて、電源を入れるとすぐBASICが起動します。ディスプレイとカセットテープは別売りですが、通常は一式をセットにして割り引き価格で販売されました。

The TRS-80 Model I Microcomputer System

Radio Shack's TRS-80 Microcomputer System is fully wired, tested and U.L. listed for electrical safety — you can put it to work immediately! It's ideal for finances, education, accounting, lab use — even for home entertainment. And it's the computer with a full line of accessories being delivered now, with more to come in the future!

Basic TRS-80 systems include a 12" video monitor, Realistic battery/AC cassette recorder, power supply, user's manual and a cassette tape for playing Blackjack and Backgammon.

The TRS-80 comes to you ready to be programmed either from prerecorded cassette tape or from the keyboard. A "program" is simply a set of step-by-step instructions telling your TRS-80 what you want it to do. The TRS-80's programs are written in easy-to-learn, plain-English BASIC programming language (BASIC stands for "Beginner's All-purpose Symbolic Instruction Code"). The Level I user's manual includes a beginner's course in BASIC that'll have you "talking" to your computer in no time.

Inside the keyboard is the computer's "brain."

A powerful Z-80 microprocessor serves as the central processing unit (CPU). Programs and data are stored in internal "memory chips." Our lowest-priced TRS-80 computer contains 4096 bytes (4K) of user memory, or RAM (a byte being roughly equivalent to one typewritten character and made up of eight electrical signals called "bits"). It can be expanded to 16K within the keyboard unit and to 48K by using the Expansion Interface with additional memory options. And now, every new 16K TRS-80 includes a calculator-style numeric keypad (available as an option on 4K computers).

Note: the Z-80 is an 8-bit microprocessor and can address a total of 64K of memory. Both ROM and RAM are addressed in the TRS-80, along with some internal "overhead." In a 48K RAM configuration, the last memory address is 65,535 — the usual ending address for a 64K computer.

The "Read-Only Memory" chips contain the "BASIC interpreter" software. The interpreter ac-

New Lower Prices!

**TRS-80 Model I
Systems Now Low As**

$499

**16K Model
Pictured**

Level I 4K

⬆ラジオシャックの店舗の例（コネチカット州ハムデン店）

　タンディは傘下にホビー用電気製品のチェーン店、ラジオシャックを擁し、その店頭にクリスマスのタイミングでTRS-80を並べました。ラジオシャックは店舗が3500店あり、TRS-80はクリスマスだけで15000台が売れました。当時、Apple IIはまだ伸び悩んでいましたし、PET 2001は生産能力が足りなかったので、TRS-80がいちばんの人気となりました。

　TRS-80を企画したのはラジオシャックの仕入れ担当、ドン・フレンチです。彼は、同店がまだ無線機を主力としていたころ、上層部の反対を押し切ってMITSやクロメムコの製品を取り扱いました。実機を展示して販売する形態はほかになく、評判は上々でした。彼は、あともうひとつオリジナルの製品を並べて売り場をより賑やかにしようと考えました。

　当初、ドン・フレンチが関心を持ったのはNSのマイクロプロセッサ、SC/MPでした。確かにSC/MPを採用した個人向けコンピュータはなく、完成すれば売り場で異彩を放つでしょう。しかし、それは単なる思い付きで、どんな性能が出るか、そもそも作れるのか、まったく検討していませんでした。そこで彼は、技術的な裏付けを求めてNSを訪問します。

NSで応対したのはスティーブ・レイニンガーです。彼はNSに籍を置きながらアルバイトでバイトショップに勤め、休日はコンピュータの自作に打ち込む生活を送っていました。バイトショップはラジオシャックほど大きくはないホビー用電気製品のチェーン店ですから、彼は個人向けコンピュータの作りかたから売りかたまで幅広い経験を持ちました。

スティーブ・レイニンガーは、SC/MPが小規模な電子機器への組み込みを想定していると説明し、たとえ売り場の賑やかしだとしても、個人向けコンピュータへの採用は思いとどまるよう忠告しました。さらに、ラジオシャックは店舗が多く、客層がマニアばかりではないので、機能に凝るよりも使いやすい形態を追求するほうが得策だと助言しました。

ドン・フレンチはスティーブ・レイニンガーの見識に感心し、上層部に働き掛けて彼をタンディの社員に迎えます。スティーブ・レイニンガーはタンディでただひとりの開発担当となり、いいも悪いもなく、思いどおりの設計をしました。ドン・フレンチはほかの部署との調整役に回り、どうかすると無謀な要求をしがちな人たちの説得にあたりました。

⊕ 徹底して安上がりに設計されたTRS-80

スティーブ・レイニンガーが重視したのは電源を入れるとすぐBASICが起動してビデオ端末から操作できる構成をあらかじめ完成しておくことです。この方針はApple IIやPET 2001と一致しますが、開発期間が重なっているため、誰かがどれかを真似したわけではなさそうです。強いていえば、御三家ともApple Iの形態に影響を受けた可能性があります。

重視しなかったのは中身です。目玉としてZ80を採用したことが唯一の贅沢で、あとは徹底して安上がりに設計されました。クロックは上限の70%にあたる1.77MHzにとどめて低速なメモリをつなぎました。Z80の周辺ICはもちろんのこと高機能なICは一切ありません。キーボードはメモリのアドレスに直接配置され、入力できるのは大文字だけです。

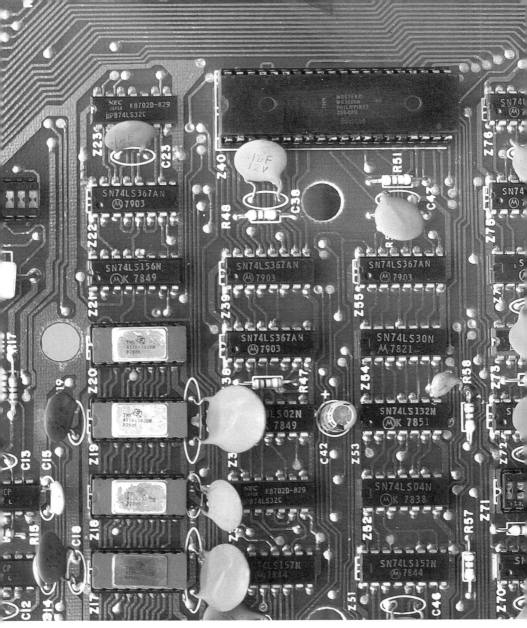

⬆TRS-80に採用されたZ80と周辺の回路

CHAPTER ● 3—市場の反応

きわめ付けはBASICをオープンソースのパロアルトタイニー BASIC で済ませたことです。試作機は変数の範囲が-32768 ～ 32767に制限され、社長向けのお披露目でサンプルの給与計算プログラムがオーバーフローしました。さすがにこれは承認されず、製品では浮動小数点演算機能が追加され、あわせて簡易グラフィックを描けるように拡張されました。

製品の外観と価格にはドン・フレンチの意向が反映されました。丸みを帯びて怪我を防ぐ形状、汚れが目立たない黒と銀の配色、一式499ドルの価格は、彼がこんな想像から決定したものです。すなわち、売り場に立ち寄った人が、優しい外観に足を止め、カタログを手にしてマイクロプロセッサがZ80だと知り、そのわりに安い価格で購入を決めるのです。

TRS-80は初回製造分を売り切ったあとパロアルトタイニー BASICをマイクロソフトBASICに差し替え、価格を599ドルに改定しました。値上げしても Apple IIの1298ドルやPET 2001の795ドルより安く、引き続き御三家でいちばんの人気を誇ります。総販売数は、漏洩電波が環境規制に抵触して販売を終了するまでの約3年で20万台といわれます。

⊕ Z80と周辺ICの一式で構成されたTRS-80 Model II

初期のパソコンは製造原価を抑えるためにマイクロプロセッサの周辺回路を標準ロジックで組み立てました。ですから、TRS-80の人気はZ80の需要を押し上げたものの周辺ICには恩恵をもたらしませんでした。需要が小さいと価格が高止まりし、割高感がさらに需要を減らします。Z80の周辺ICは、当初、この悪循環に陥って抜け出すまで数年を要しました。

救世主となったのはタンディが1979年10月に発売したTRS-80 Model IIです。まだ初代TRS-80が売れ続けていたので、同機は事務系の職場を狙って客層を分けました。設計の方針は正反対で、製造原価に糸目を付けず、一般的なパソコンの構成にフロッピーディスクを加えるなどの冒険をしました。価格は歴代のパソコンで最高の3450ドルになりました。

**Easy to Operate
Fast and Expandable
32K or 64K of RAM
Upper and Lower Case
Direct Memory Access
Built-in 8″ Diskette**

**32K, 1-Disk TRS-80
Model II System**

$3450⁰⁰

**64K, 1-Disk TRS-80
Model II System**

$3899⁰⁰

Anyone accustomed to a typewriter will feel right at home at the Model II keyboard. We kept it simple, with as few "special" keys as necessary to do the job. A calculator-style keypad is provided for faster, more accurate numeric entry. Model II's easy-to-read 12-inch, high-resolution video screen displays 24 lines of 80 upper and lower case characters per line. (Double-width characters — 40 per line — can also be selected by your program).

Inside Model II

Internal memory (depending on the system you choose) will store 32,000 or 64,000 characters of information. The required "Operating System" software occupies about 27,000 characters, with the balance available for user programs and data. The built-in 8-inch disk drive will store an additional 416,000 characters. (That's equal to about 20 straight hours of typing at 70 words per minute!) The three additional disk drives you can add, each store another 486,000 characters, bringing Model II's total memory capacity to about 2 million characters.

Experienced data processing people will recognize the terms "direct memory access" and "vectored interrupts," which to the average business user translate as faster operation and more versatility. The fast Z-80A microprocessor — the heart of

Model II — operates at a speed of 4 MHz — over twice the speed of TRS-80 Model I. Separate keyboard and video processors also add to Model II's speed.

User-Oriented

Each time you turn on Model II, it automatically "self-tests" to assure proper operation. Features in Model II's programming language allow an operator to turn the system on, and be ready to run payroll, posting, billing or other jobs immediately, without any action other than entering the current date. Model II is "forgiving" of operator errors, too. If you try to load a program when there's no disk in the drive, Model II won't hang up like many other computers. And, when you give Model II a command such as to "kill" a file, it always responds with positive feedback . . . telling you exactly what it did (or did not do) in response to your command. When an Operating System error occurs, a message appears on the video screen with a numbered error code. And no flip charts or manual are required if you don't remember the error codes. Just type "Error 32" (or whatever the number) and Model II will respond with a detailed explanation.

Model II is Expandable

Like TRS-80 Model I, Model II systems are expandable to meet changing — or

growing — needs. Three expansion connectors (one parallel and two serial) allow you to connect printers, plotters, digitizers, telephone communications and many other external devices. Internal plug-in card slots allow for more expansion and enhancement options in the future . . . several are in the planning stages now.

If your application requires more disk storage, you can plug in a Model II Disk Expansion Unit with one, two or three additional drives. If you select an Expansion Unit with one or two drives, you can add the others later. Of course, a 32K system (32,000 characters of memory storage) can be expanded to the full 64K at any time.

Model II comes with a disk containing our expanded Level III BASIC programming language and our all-new, command-compatible "TRSDOS" operating system. This "system software" will be upgraded periodically with new features, and we plan to offer additional programming languages for Model II in the future. Applications software for General Ledger, Inventory Control, Receivables, Payroll and Mailing List is available now, and more will be available soon.

32K, 1-Disk Model II. 26-4001 . . . . 3450.00
64K, 1-Disk Model II. 26-4002 . . . . . . 3899.00
32K Memory Add-on 449.00

19

⬆ラジオシャックのカタログに掲載されたTRS-80 Model II

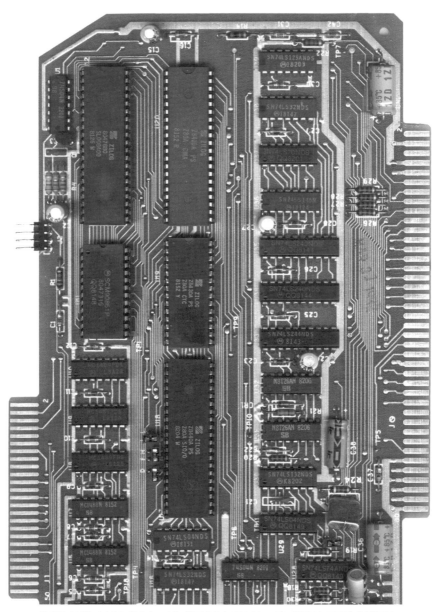

⬆TRS-80 Model IIのCPUカードに採用されたZ80（タンディ型番8047880）と周辺IC

本体の内部には8本のスロットがあって、CPUカード、メモリカード、ビデオカード、フロッピーディスク制御カードが挿さっています（4本は空きです）。そのうちのCPUカードに、Z80、Z80 DMA、CTC、SIO、またフロッピーディスク制御カードにPIOが採用されました。いずれもクロックが最高4MHzの高速版で、実際、ぴったり4MHzで動いています。

TRS-80 Model IIのカタログにはこんな一文があります。「経験豊かな技術者はDMAとベクタ割り込みができることに気付きます。平均的なビジネスユーザーにわかりやすく言い換えれば、高速で柔軟に動作します」。付け加えるなら、そのDMAとベクタ割り込みは、経験豊かな技術者でなくてもつなげるマニュアルどおりの配線で実現されています。

TRS-80 Model IIはZ80と周辺ICの一式でひとかどのコンピュータが完成することを証明しました。同時に、製造原価がかさむことも明らかにしました。同機はラジオシャックに並んだコンピュータの中でひときわ高額な値札を掲げて客足を遠ざけました。実機を展示して販売する形態で評判をとってきたタンディにとって、それは痛い誤算となりました。

当時のパソコン雑誌は一様にTRS-80 Model IIの性能を高く評価しながら、しかし人気は精彩を欠くと伝えています。そのひとつ『byte』は、ラジオシャックの店頭を観察する方法で売れ行きを調べ、元祖TRS-80の1割と推測しました。計算上、総販売数は2万台です。だとしても、ザイログは2万セットの周辺ICを売り上げて一息ついたことでしょう。

⊕ 8080にかわってZ80と6502の需要が急伸

1970年代後半、Altairに代表される古典的な個人向けコンピュータは、互換機が加わって全体では大きな勢力でしたが、各社とも過度な競争にさらされて疲弊しました。最初に脱落したのは本家のMITSです。同社は破綻を目前にして自主再建を諦め、1977年5月、パーテックの傘下に入りました。ほかの会社は差別化を図って競争を避けようとします。

プロセッサテクノロジはパソコンのようなスタイルをしたSOL-20を販売しました。クロメムコはZ80で動くZ-2を販売しました。MITSを受け継いだパーテックはAltairに周辺機器とビジネスソフトを組み合わせてサポート付きで販売しました。IMSアソシエイツは相変わらずAltairとそっくりなIMSAIを販売し、他社が見限った需要を拾い集めました。

　AltairのS-100バスに挿さるボード類が多数あることは、当初こそ強みでしたが、差別化を図る上では弱みとなりました。各社はそれらが使えなくなることを恐れて思い切った拡張をためらいました。中でもクロメムコは、ボード類が大きな収益を上げていたせいで、Z80の取り扱いが得意だったにもかかわらず、その実力を引き出そうとしませんでした。

　結局、Altairと互換機は初期の構造を維持したまま時代に取り残されていきます。1979年、IMSアソシエイツが破産、プロセッサテクノロジが解散、パーテックがAltairの販売を終了しました。この時点で、事実上、Altairは歴史の幕を閉じました。クロメムコだけは、Z-2の特別仕様品を軍事用に納入していたことから、例外的に1987年まで存続しました。

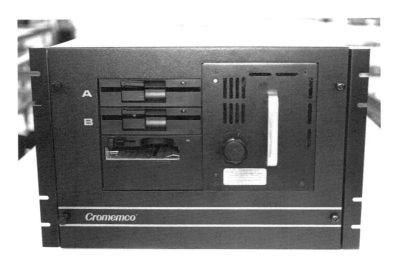

⬆後期のAltair互換機、クロメムコのZ-2（軍事用の特別仕様品）

Altairと互換機の需要が減り、8080は出荷数量を落とします。かわって御三家に採用された6502とZ80が伸びました。1980年第1四半期、この3製品がともに80万個を出荷して並び、それからあとは6502とZ80が競いながらほかを引き離します。6502は好調と不調の波がありました。一方のZ80は、次に述べる追い風が吹いて着実な成長を続けます。

⊕ Z80の心強い味方となったCP/M

1976年、IBMで8インチのフロッピーディスクを開発したアラン・シュガートが退職してシュガートアソシエイツを設立し、小型で安い5.25インチのフロッピーディスクを発売しました。当時、個人の趣味で使える外部記憶装置は、せいぜい端末機の紙テープか家庭用のカセットテープでしたが、これをきっかけにフロッピーディスクが普及していきます。

フロッピーディスクを取り扱うにはソフトウェアの更新が必要です。いち早く登場した選択肢は次のふたつでした。マイクロソフトは各社のコンピュータに対応した拡張BASICを350ドルで販売しました。デジタルリサーチはインテルの開発装置、Intellec MDSで動くフロッピーディスク対応のOS、CP/Mを70ドル（最終版は150ドル）で販売しました。

CP/Mは原版こそIntellec MDSでしか動きませんが、ハードウェアに依存する処理が一か所に集めてあり、8080かZ80を採用したコンピュータであれば、事務的な作業で移植することができます。移植に必要な機械語の開発環境は付属し、それが、移植を完了したあと最初のアプリケーションとなります。そして、手始めに使ってみるのに手ごろな価格です。

移植の作業はIntellec MDSでやることになるため、誰にでもできるわけではありません。かわって、ソフトウェアの流通大手、ライフボートが、Altairと互換機、TRS-80の各モデルなど、既存の製品に移植して販売しました。Z80のコンピュータで御三家についで人気のあった、ヒース、オハイオ、オニキスなどは、自社製品に移植したCP/Mを販売しました。

83

⬆1981年の広告に掲載されたCP/Mとアプリケーション

CP/Mは個別に数えたどのコンピュータより大きなソフトウェアの共通基盤となり、さっそく、さまざまなアプリケーションが登場しました。そのひとつがマイクロソフトのCP/M用BASICですが、それは以前ほど重要な存在にはなりませんでした。CP/Mのユーザーは、必要なアプリケーションを自らBASICで書かなくても、買うことができたからです。

　雑誌の広告でCP/Mのアプリケーションを調べると、1980年にはもう後世に名を残す実用系の大作が並んでいます。たとえば、マイクロプロのWordStar（ワープロソフト）、ソーシムのSuperCalc（表計算ソフト）、アシュトンテイトのdBASE II（データベースソフト）などです。これらの存在は、Z80のコンピュータが選ばれる、ひとつの動機となりました。

　このころ、コモドールは本体側面にカートリッジを挿して機能を拡張できるパソコン、C64の設計に取り組んでいました。マイクロプロセッサは6502に微修正を加えた6510です。しかし、社内には、市場でCP/Mが盛り上がっているのに6510でいいのかという不安の声がありました。そこで、Z80を採用したCP/Mカードリッジをあわせて設計しました。

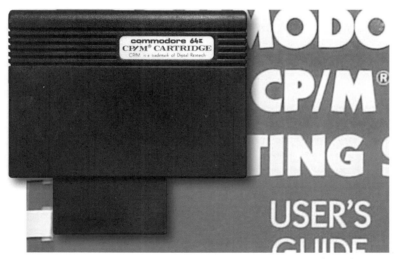

⬆コモドールC64のCP/Mカートリッジ

Photo — Thomas Conté

↑1981年にマイクロソフトが出稿したZ80 SoftCardの広告

アップルのApple IIは、6502で動くOS、Apple DOSでフロッピーディスクに対応しました。それは、完成度に多少の難がありました。マイクロソフトは、CP/M用のアプリケーションをApple DOS用に作り直すよりApple IIでCP/Mを動かしたほうが早いと判断し、Z80を乗せた拡張ボード、CP/M、BASICをセットにしたZ80 SoftCardを発売しました。

　こうして、当時の個人向けコンピュータはほぼすべてがCP/Mに対応しました。その需要は、もはや旧式の8080ではなく、Z80が一手に引き受けました。だからといって、この時期、マイクロプロセッサがZ80一色になった事実はありません。CP/Mの恩恵は、むしろ6502一色になってしまいかねない状況で、Z80が引き続き存在感を維持したことにあります。

⊕ ザイログの最高に幸福な時代

　1970年代後半、日本の半導体メーカーが国策で生産技術を高め、成果をDRAMの製造に応用して、世界のメモリ市場を席巻します。DRAMの総生産量は飛躍的に伸び、価格が暴落的に下がりました。この出来事は、アメリカの半導体メーカーにとってとんだ災難といえますが、マイクロプロセッサを専門とするザイログには願ってもない幸運でした。

⬆日本の半導体メーカーが得意とした64KビットDRAM（富士通のMB8264）

1980年代のパソコンは、必要とあれば、DRAMを湯水のように使うことができました。Z80は、こういう状況が生まれることを想定した唯一のマイクロプロセッサでした。ほかの製品がごちゃごちゃとした制御回路を必要とする中、Z80は比較的簡素な構造でDRAMを動かすことができます。実際、統計数字を見ると、Z80が勢いよく出荷数量を上げています。

　Z80の好敵手、6502は端的にいうと容量の小さなメモリを上手に取り扱うものですから、時代が進むにつれ、弱点を露呈しました。出荷数量は1983年に下落へ転じ、翌年にはアップルの需要だけとなって統計の対象から外れます。とはいえアップルの製品は人気があったので、大きな数字ではないにしろ、そこそこの数量を出荷し続けたものと想像されます。

　ザイログは、圧倒的な高性能でもないのに市場の一画を占めて頑張る6502がよほど目障りだったらしく、各種のマニュアルでZ80との露骨な比較を始めました。たとえば、『Microprocessor Applications Reference Book』は、9本のサンプルプログラムを示し、6502に対してZ80が、命令数で1/3.05、総バイト数で1/2.63、速度で1.65倍になると述べています。

Table 6.　Program Execution Times for the Lowest Speed Versions*

Program Description	usec Z80	usec 6502	Ratio 6502/Z80
Computed GOTO Implementation	20.27	46.33	2.29
8 x 8 Bit Multiply Routine	160.80	196.00	1.22
16 x 16 Bit Multiply	405.20	713.00	1.76
Block Move	16138.00	31816.00	1.97
Linear Search	8406.00	13011.00	1.55
Insert into Linked List	24.80	34.00	1.37
Bubble Sort	250718.00	280474.00	1.12
Interrupt Handling	17.2	32.00	1.86
Dynamic Memory Access	27.60	47.00	1.70
Average ratio 6502/Z80			1.65

*Z80 maximum clock frequency is 2.5 MHz. Memory access time is 575 ns.
*6502 maximum clock frequency is 1.0 MHz. Memory access time is 650 ns.

➊ザイログが公表したZ80と6502の速度比

● Z80 の Interrupt Handling

```
bytes cycles   !  INTERRUPT OVERHEAD (ADD 13 CYCLES RESPONSE TIME)
               !
  1     4      INTRPT EX    AF,AF'    !SAVE REGISTERS AND STATUS
  1     4             EXX
  1     4             EXX             !RESTORE REGISTERS AND STATUS
  1     4             EX    AF,AF'
  1     4             EI
  1    10             RET             !RETURN TO INTERRUPTED PROGRAM
                      END
Lines = 6
Bytes = 6
Cycles = 43
```

● 6502 の Interrupt Handling

```
bytes cycles   !  INTERRUPT OVERHEAD (ADD 7 CYCLES RESPONSE TIME)
               !
  1     3      INTRPT PHA                  !SAVE REGISTERS
  2     3             STX   XSAVE
  2     3             STY   YSAVE
  2     3             LDY   YSAVE          !RESTORE REGISTERS
  2     3             LDX   XSAVE
  1     4             PLA
  1     6             RTI                  !RESTORE PROCESSOR STATUS
                      END
Lines = 7
Bytes = 11
Cycles = 32
```

⬆️ザイログがZ80と6502の比較に使ったサンプルプログラムの例

　ザイログのマニュアルですから公平な比較でないことは織り込んでおく必要があります。Z80が得意とする処理を選び、得意とする部分だけを実行し、出現頻度を無視して平均を算出しています。たとえば、Interrupt Handlingは割り込み処理の前後だけがあって中身がありません。一覧表の数字は非現実的で、Z80の有利なところが強調される傾向にあります。

　おそらくザイログも、読者がこうした結果を真に受けるとは考えていないでしょう。ハードウェア寄りの特徴は、電子機器の技術者や自作派のマニアなら、自らの力量で理解することができるかもしれません。ソフトウェア寄りの特徴は、サンプルプログラムから身びいきの過ぎるところを差し引いて理解してもらいたいというのが本音だと思われます。

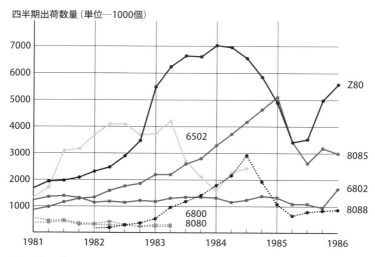

四半期出荷数量（単位—1000個）

❶マイクロプロセッサの四半期出荷数量（データクエスト調べ）

　1985年、半導体業界は試練と直面します。各社が強気の増産を続けた結果、供給過多となり、反動で出荷数量を大幅に落としたのです。これが、今日まで幾度となく繰り返す、いわゆるシリコンサイクルの第1波でした。DRAMに引っ張られる形で舞い上がっていたZ80は、真っ先にその影響を受け、出荷数量の推移はバブルが弾けるような曲線を描きます。

　しかし、DRAMが生産調整を経て立ち直るとZ80もいち早く立ち直り、再び首位を独走します。Z80はマイクロプロセッサが16ビットの時代に入ってもなお10余年に渡って首位を守り、出荷数量を伸ばし続けました。以降は、低価格のパソコン、組み込み用途、電子工作の部品など、おりおりの需要を拾いながら、今日まで製品寿命を維持しています。

[第2章]
伝説の真実

1

Z80と周辺IC

[第2章]
伝説の真実

⊕ 自作派のマニアとZ80ファミリーの距離

　ザイログのZ80をいち早く動かして見せたのはタンディでもクロメムコでもなく市井のマニアでした。アメリカで誕生した電子工作の親睦団体、ホームブルゥコンピュータクラブは、1977年1月19日の集会で参加者240人に所有しているコンピュータの機種を尋ねました。同日付けの会報によれば、Z80の自作機と回答した会員がすでに9名いたそうです。

　Z80が正式な経路で部品店に出回るのは発売から1年ほどあとになります。アメリカの雑誌は1977年4月号で初めてZ80、PIO、CTCの通販広告を掲載しました。それ以前にZ80を動かした人は、腕がいいだけでなく、裏道を見付けて最先端の資料や部品を入手したわけです。きっと、ホームブルゥコンピュータクラブで英雄の扱いを受けたことでしょう。

　ちなみに、日本のマニアも比較的早い段階でZ80を動かしています。雑誌『I/O』は1977年1月号にZ80の製作記事（執筆—大河功一、稲田美穂）を掲載しました。同誌の1977年5月号は、プレミア価格ではありますが、Z80の通販広告を掲載しています。アメリカや日本を除くと、調べた限り、この段階でマニアがZ80を動かした事例は見付かりません。

　1979年には各国でZ80を採用したパソコンが発売され、シングルボードコンピュータやそのキットも登場しています。Z80は、もう神秘の石ではなくなりました。部品店は定番で取り扱い、妥当な価格に落ち着き、多くの雑誌が力のこもった製作記事を連載しました。Z80でコンピュータを作ることは、マニアにとって、ごく普通の遊びかたになりました。

◉アドバンストマイクロコンピュータプロダクツの広告（1977年4月）

◉ロビン電子産業の広告（1977年5月）

🔼1977年に出稿されたZ80の通販広告

93

ただし、部品店にザイログの周辺ICまで一式が揃うのは、もう数年あとのことです。たとえば、端末の接続に必要なSIOは各国とも1981年中旬になって一般向けの販売が始まります。価格はZ80の数倍もして、高性能ながら高嶺の花でした。日本に限れば、Z80のパソコンでさえ、SIOを採用したのは1984年に発売されたシャープのX1 Turboが最初です。

　この間、Z80はインテルの周辺ICと組み合わせて使われました。雑誌の製作記事は端末の接続にたいてい8251を使いました。PIOは入手できたのですが、プリンタの接続などで、よく8255が使われています。当時、マニアの情報源はおもに雑誌でしたから、読者の間に、Z80はインテルの周辺ICと組み合わせて使うものだという概念が広がっていきました。

　シングルボードコンピュータやそのキットは、アメリカでは1981年以降、Z80とザイログの周辺ICで構成されます。日本の製品は、引き続きインテルの周辺ICが使われる傾向にありました。日本のマニアがZ80をザイログの周辺ICと組み合わせて使うのは、やや変則的な恰好の製品を含めれば、1993年、秋月電子通商がAKI-80を発売したあたりからです。

❶Z80と8255を組み合わせた協立電子産業のKBC-80RZ

⬆TMPZ84C015を採用した秋月電子通商のAKI-80

　AKI-80のマイクロプロセッサは東芝のTMPZ84C015で、これはZ80、PIO、CTC、SIOを内蔵しています。各部は個別のICで組み立てたように動作し、Z80に独自の割り込みが使えます。これでDRAMがつながれば申し分ないのですが、ROMとSRAMで全部のアドレスが埋まっていて、その余地はありません。マニアとしては残念ですが、合理的な設計です。

⊕ シングルボードコンピュータSBCZ80の構想

　現在のマニアが一周回ってZ80を手にしたら、まずは個性を把握しておきたいと思うでしょう。Z80の特徴的な機能が全部わかるコンピュータを自作することは意義があります。なぜなら、そういう製品が存在しないからです。たとえば、端末の接続にSIOを使い、独自の割り込みで通信し、DRAMがつながる構成は、ありそうでいて、あまり見掛けません。

CHAPTER ● 1―Z80と周辺IC

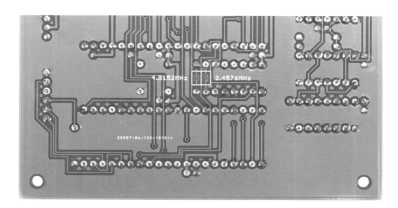

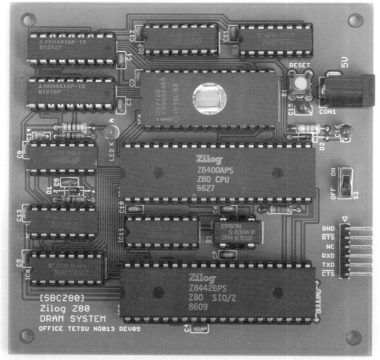

⬆Z80の特徴的な機能を使ってみたSBCZ80（標準クロック仕様の製作例）

本書は、このあとZ80の構造を述べるにあたり、内容に誤りがないことを確認するため、特徴的な機能が全部わかるコンピュータ、SBCZ80を製作しました。せっかくなので、製作に使ったプリント基板を頒布し、必要に応じ、みなさんのお手もとでも動かしてもらえるようにします。この件を含むSBCZ80の詳細は、本書のサポートページで紹介しています。

　SBCZ80は可能な限りマニュアルどおりの方法でZ80にSIOとDRAMを接続しています。また、Z80に独自の割り込みでSIOが通信します。模範製作例としてザイログから表彰状が出てもいいくらいです。あえてマニュアルとの違いを挙げれば、主要なICの傍らで動く小規模なICが、この約半世紀で高速化した結果、細部の複雑な設計が簡略化されました。

　DRAMはいらなくてSRAMでいい場合、たとえばZ80のソフトウェアにのみ関心があるなら、現在も販売されているAKI-80を動かしてみるのがよろしいかと思います。併用すればなお結構です。SBCZ80を製作する過程では、ハードウェアの設計が正しいと確信できなかった期間、ソフトウェアはAKI-80でテストしてから移植する方法をとりました。

　筋金入りのマニアはZ80と現在の安くて速いマイコンを組み合わせ、新しい動かしかたを楽しんでいます。中には、SDカードなどのメディアをフロッピーディスクのかわりに使い、CP/Mを動かした例まであります。こうした製作物は、日々、進化しており、書籍では追随できないので、すみませんがネットを検索し、随時、最新の情報に触れてください。

⊕ クロック生成回路とリセット回路

　マイクロプロセッサは、電源をつなぎ、クロックを与え、リセットすることで起動します。このくだりでZ80のマニュアルは、単一の電源、単相のクロックというように、いちいち当たり前の修飾を付けてうっとうしい説明をしています。現在、「単一」や「単相」はいわずもがなのことです。ただし、それを当たり前にしたのがZ80の功績のひとつともいえます。

Z80が発売された時点で商品として成立していたマイクロプロセッサはインテルの8080とモトローラの6800だけです。8080は電源が5Vと-5Vと12V、クロックが2相9V以上です。6800は電源が単一5Vですが、クロックが2相4.4V以上です。Z80のマニュアルは、こうした状況で書かれたので、ところどころ、現在ではいわずもがなの修飾が付くわけです。

　細部の仕様に注目すると、Z80でもまだクロックまわりが不完全です。単相ながら4.4V以上が必要で、TTLの回路を直結できません。CMOSなら直結できますが、当時のCMOSは低速なため、標準Z80の2.5MHzを取り扱うのに無理がありました。マニュアルに掲載されたクロック生成回路の一例は、発振器の後ろにトランジスタのドライバを付けています。

　こうした不便さは、ザイログが改善するまでもなく、比較的高速なHC型のCMOSが登場して自然と改善されました。現在のCMOSは、Z80のクロックに直結できますし、ラクに10MHzを取り扱えます。SBCZ80のクロック生成回路は、発振器の後ろに74HC4040を付けて、標準Z80用の約2.5MHz、高速Z80用の約5MHz、通信用の153.6kHzを出しています。

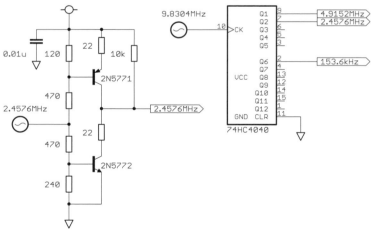

●ザイログの回路例　　　　●SBCZ80の回路

↑Z80のクロック生成回路

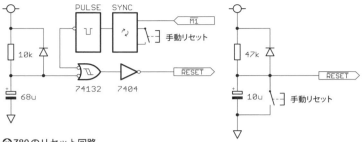

●モステックの回路例　　　　　　　　　　　　　　　●SBCZ80の回路

PULSE　SYNC

M1
手動リセット

10k

74132　7404

RESET

68u

47k

RESET

10u　手動リセット

⬆Z80のリセット回路

　Z80のリセットは電源とクロック生成回路が安定した状態で最低3ク
ロック分、LにしてからHにします。この手順は、ほとんどのマイクロプ
ロセッサで、ほぼ同じです。厳密にいえば、Lにする期間の長さが違いま
すが、それは誤差に埋もれます。現実のリセット回路は、電源とクロック
生成回路が安定するのを待つため、十分に長い期間、Lにするからです。

　SBCZ80のリセット回路はザイログのマニュアルにしたがった簡易型
です。簡易型はZ80がすでに起動している状態で手動リセットしたとき
でも十分に長い期間、Lを出してDRAMの内容を壊します。モステック
のマニュアルが、この問題に対処した完璧な回路例を掲載していますが、
そこまで深刻な問題とは思えないので、そこまではやっていません。

⊕ 入出力アドレスの仕様と周辺ICの接続

　周辺ICは一面でマイクロプロセッサとつながり、もう一面で周辺機器
と接続して双方の整合を図ります。Z80を向いた側は、SIO、PIO、CTCと
もほぼ同じ構造です。Z80 DMAだけがやや異質で、言及すると話がこじ
れるため、以降、考慮しません。Z80 DMAがないとDMAができません
が、現実の問題は大規模なシステムへの拡張性が損なわれるくらいです。

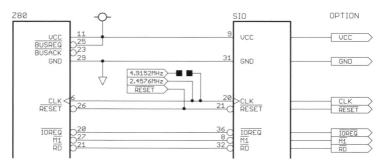

↑Z80の制御信号と周辺ICの接続例

　一般にマイクロプロセッサとファミリーの周辺ICは接続しやすく設計されており、実際にZ80とザイログの周辺ICは単純な配線でつながります。電源、クロック、リセット、制御信号、データバスは、全部の周辺ICをただ並列に接続するだけです。なお、DMAをやらない場合、$\overline{\text{BUSREQ}}$（DMA要求）をHに固定し、$\overline{\text{BUSACK}}$（DMA応答）は無接続とします。

　Z80は周辺ICのレジスタをアドレスバスのA0～A7で指定します。ザイログの周辺ICはレジスタを2ビット以下で区別できるため、A0～A1を並列に接続し、A2～A7は外部のアドレスデコーダへ入れてチップ選択信号を作ります。チップ選択信号は、周辺ICが少数ならA7以下の数本で作っても大丈夫です。この仕組みは8080や8085と同じです。

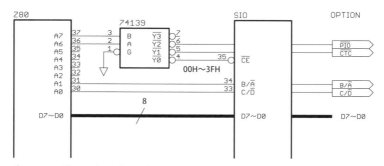

↑Z80のアドレスバス／データバスと周辺ICの接続例

ザイログはのちに「周辺ICの読み書きではアドレスバスのA8〜A15にもレジスタAの値が出る」と補足しました。これは、8080の実態と同じですが、8085とは違います。MITSのAltairは周辺ICの読み書きにA0〜A15を利用します。挿し換え用のCPUボードが、もっぱらZ80を採用し、8085を採用しなかった理由は、このあたりにあるものと思われます。

⊕ 割り込みコントローラなしに実現する各種の割り込み

　Z80はマスク不能割り込みと標準の割り込みに対応します。マスク不能割り込みは、8080にはありませんが、以降のマイクロプロセッサがみな備えています。禁止不可、最優先、立ち下り検出を特徴とし、システムタイマや異常処置に使われます。小規模なシステムだと使い道がありません。使わない場合、$\overline{\text{NMI}}$（マスク不能割り込み要求）をHに固定します。

　標準の割り込みは$\overline{\text{INT}}$（割り込み要求）で受け付けます。Z80の周辺ICに限らず、大半の周辺ICは割り込み要求を出します。そうした信号は、まとめて$\overline{\text{INT}}$につなぎます。Z80の周辺ICに限れば、IEI（割り込み要求許可入力）とIEO（割り込み要求許可出力）でお互いの優先順位を決めたり、データバスに割り込みベクタを出したりすることができます。

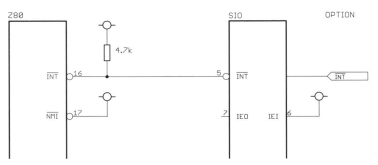

⬆Z80と周辺ICで割り込みを実現する接続例

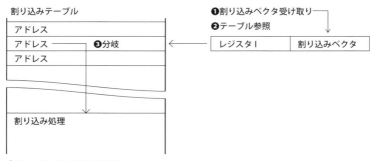

↑モード2の割り込み手順

　標準の割り込みはIM命令で選択される3種類の動作モードがあります。モード0は8080と互換、モード1は汎用（RST 38H相当）、そしてモード2がZ80に独自の割り込みです。モード2が選択された状態で$\overline{\text{INT}}$がLになると、Z80は周辺ICから割り込みベクタを読み取り、レジスタIとつないで割り込みテーブルを参照し、該当する割り込み処理へ分岐します。

　ザイログの周辺ICは割り込み要因ごとに異なる割り込みベクタを出すことができます。たとえばSIOは、チャンネルAとBの、受信完了、送信可、制御線変化、通信エラーを区別して最大8種類の割り込みベクタを出します。したがって、Z80は割り込み要求が望むところを調べるまでもなく、周辺ICのほうで状況に応じた適切な割り込み処理を選択します。

⊕ SIOで組み立てるシリアルのインタフェース

　コンピュータは最低ひとつの入出力装置を必要とし、そのもっとも現実的な選択肢が端末です。現在だとUSB-シリアル変換ケーブルでパソコンと接続し、端末ソフトを操作することになるでしょう。Z80で端末を制御するのに適した周辺ICはSIOです。通信手順は無手順のシリアルで、SIOが得意とするSDLCは、もはや適合する周辺機器がありません。

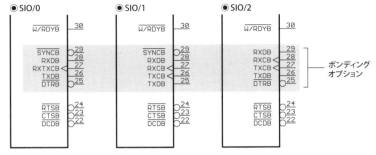

↟SIO チャンネル B の制御線

　SIOはチャンネルAとBを備えます。そのうちチャンネルBはパッ
ケージのピン不足で一部の制御線が省略されています。なくていい制御
線は用途によって異なるため、ザイログは3種類のボンディングオプ
ションを作り、結果として部品の手配ミスを増やしました。端末を1台だ
け接続する場合、チャンネルAを使うことで、この問題を避けられます。
　SIOと端末の接続は、SIOだからこうというものはありません。シリア
ル入出力のICは、おしなべて、いわゆるRS-232Cで相手と接続します。
RS-232Cは遠い相手と最悪の回線で通信することを想定していますが、
実際は近くの端末と電線直結でしょうから、簡略化することができます。
一部の制御線は省略できますし、相手が省略しているかもしれません。

制御線	方向	役割
DTR	送信	相手に通信準備完了を通知する（Data Terminal Ready）
DSR	受信	相手の通信準備完了を受け取る（Data Set Ready）
RTS	送信	相手に送信許可を通知する（Request To Send）
CTS	受信	相手の送信許可を受け取る（Clear To Send）
TxD	送信	送信データ（Transfer Data）
RxD	受信	受信データ（Receive Data）
TxC	入力	送信クロック（Transfer Clock）
RxC	入力	受信クロック（Receive Clock）

↟SIO と端末の接続に使われる制御線

CHAPTER●1─Z80と周辺IC

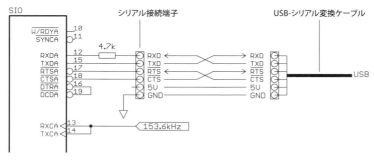

●SIOとUSB-シリアル変換ケーブルの接続例

　SIOと端末の通信は、最低、GNDが共通でTXD→RXDが襷掛けに接続されていれば成立します。さらに$\overline{CTS}$→$\overline{RTS}$が襷掛けなら、必要に応じ、ハードウェアフロー制御ができます。$\overline{DTR}$→$\overline{DSR}$も襷掛けだと端末の存否がわかりますが、USB-シリアル変換ケーブルはよくこの制御線を省略しています。その場合、SIO自身の$\overline{DTR}$→$\overline{DSR}$を接続します。

　通信形式（一般的にはデータ長8ビット、パリティなし、1ストップビット）とクロックモード（同x16）はプログラムで設定するため、回路とは無関係です。通信速度（同9600ビット／秒）は通信用のクロックに依存します。クロックモードがx16の場合、通信速度の16倍にあたるクロックをRXC（受信用クロック）とTXC（送信用クロック）に与えます。

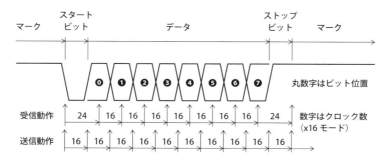

●SIOの通信形式と送受信動作（↑時点で送受信）

◉ Z80(TMPZ84C00AP-6)

◉ SIO(TMPZ84C40AP-6)

⬆CMOS/高速版のZ80とSIO（東芝の同等品）

　現在、Z80とSIOは昔ながらのNMOS/標準版よりCMOS/高速版のほうが入手しやすいようです。SBCZ80は高速版を取り付けたとき動作速度を2倍に上げる選択肢があります。また、CMOSのSIOを取り付けたときシリアルのマークが電源に回り込んでリセット回路の働きを邪魔する恐れがあるため、ささやかな対策としてRXDに抵抗を入れています。

⊕ メモリアドレスの仕様とROMの接続

　Z80はリセットの過程でレジスタPCに0000Hが入るので、メモリアドレスの0000Hが起動アドレスとなります。電源を入れてすぐBASICを起動させるとすれば、BASICをROMに書き込み、ROMを0000Hから配置します。汎用のROMは8080と接続しやすく作られており、他社のマイクロプロセッサだと面倒なことになりがちですが、Z80は大丈夫です。

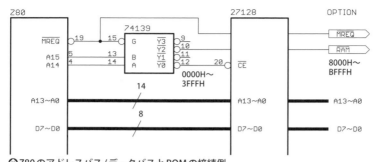

↑Z80のアドレスバス／データバスとROMの接続例

　メモリはアドレスバスのA0 ～ A15により最大64Kバイトが区別され
ます。通常、この範囲を適当な区画に分け、ROMとRAMをつなぎます。
一例としてROMが1個あたり16KバイトだとするとA14 ～ A15を外部
のアドレスデコーダへ入れ、16Kバイトずつ4区画のチップ選択信号を
作るのが合理的です。ROMは先頭区画のチップ選択信号につなぎます。
　Z80はメモリの読み書きにあたりMREQ（メモリ要求）をLにします。
アドレスデコーダにもうひとつこの制御信号を入れるとチップ選択信号
が確実にメモリのみを選択することになり、ほかの制御信号、データバ
ス、アドレスバスの下位ビット（アドレスデコーダで使わない残りビッ
ト）を全部のメモリと周辺ICへただ並列につなぐことができます。

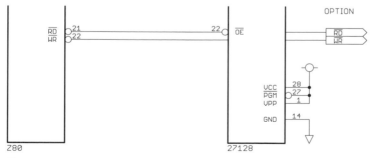

↑Z80の制御信号とメモリの接続例

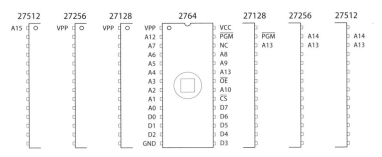

⬆2764 ～ 27512のピン配置

　ROMはデータの書き込み方法や保持の構造により、いくつかの種類に分けられます。自作のコンピュータでよく使われるのは、比較的安価な装置で書き込みができるEPROMです。EPROMは容量が1個あたり8Kバイトの2764から64Kバイトの27512までピン配置に類似性があります。ICソケットを使い、上手に配線すると、これら全部が使えます。

　SBCZ80は27128を取り付ける想定で、マニュアルにしたがい $\overline{PGM}$（書き込み信号）とVPP（書き込み用電源）をHに固定しています。この配線のまま2764 ～ 27512、およびこれらとピン配置が同じEEPROM（電気的消去／書き込み可能なROM）を取り付けることができます。なお、容量が1個あたり16Kバイト以上ある製品は上位の16Kバイトが有効です。

⬆SBCZ80に取り付け可能なEPROMの代表例

単価がいちばん安いROMは内容を書き込んだ状態で生産されるマスクROMです。マスクROMは、ごく一部の製品（キャラクタジェネレータなど）を除いて数千個単位の受注生産となるため、もっぱら電子機器のメーカーが製品に使います。初期のパソコンは、BASICをマスクROMに収め、まだ高価だったRAMの容量を加減して、価格を整えました。

⊕ 1970年代の感覚では贅沢すぎるSRAM

　一般の人が「メモリ」といったら読み書き可能なRAMを指すものと思います。コンピュータはROMとともにRAMを必要とします。仮にプログラムをROMに収めたとしても、スタックと変数はRAMに置かなければならないからです。現在、シングルボードコンピュータやそのキットでは、RAMとして取り扱いが比較的簡単なSRAMを使っています。

⬆AKI-80に採用された32KバイトのSRAM、SRM2B256SLMX55（製作する前の状態）

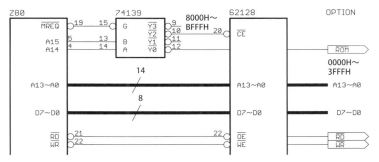

●Z80とSRAMの接続例（参考）

　SRAMのつなぎかたは大筋でROMと同じです。あともうひとつ、書き込みのためにZ80の$\overline{WR}$（書き込み指示）をSRAMの$\overline{WE}$（書き込み指示）へ入れます。アドレスデコーダはROMと兼用で、チップ選択信号は先頭区画を除くどれかをつなぎます。SRAMはEPROMとピン配置の類似性があり、このふたつを組み合わせると配線がきれいにまとまります。

　しかし、SBCZ80は、このとても便利なSRAMではなく、DRAMを使っています。なぜなら、ゆくゆくBASICを動かす予定があり、そのために必要な16Kバイト前後の容量は、Z80が登場した当時、SRAMでは贅沢すぎて、DRAMで実現されたからです。本音をいえば、Z80でDRAMを読み書きしてみたいという技術的な好奇心が、いちばんの理由です。

　おかげで、RAMまわりの回路はやや複雑になり、設計の難しさも増しました。プリント基板は、どうにか動くまで3回、きれいな動作が確認できるまでもう2回の作り直しを余儀なくされました。本書は、そうした経緯を揉み消し、成功した事実だけを述べています。みなさんは、安心して、よくできたドミノのように巧妙に動くロジックを楽しんでください。

2 DRAMの制御

[第2章]
伝説の真実

⊕ RAMに使われる記憶素子の変遷

　ザイログが標榜したZ80の優位性で、発売後すぐ額面どおりの評判を
とったのは、DRAMを接続しやすいことでした。DRAMはリフレッシュ
を必要とする面倒なRAMですが、同世代のSRAMに比べ、実装密度が4
倍、部品代が1/8になります。かくして、過去に多くのコンピュータが、
Z80とDRAMの組み合わせで、その時代なりの大容量を実現しました。

　この「DRAMは安上がり」という事実は、1970年代前半の感覚で言い
換えれば、「SRAMは高過ぎる」になります。SRAMはフリップフロップ
と呼ばれる回路で記憶します。フリップフロップは1914年に発明され、
のちにコンピュータの中枢で活躍しますが、ただの記憶を任せることは、
ICの製造技術が成熟するまで経済的に割の合わない使いかたでした。

　ビジコンの社長、小島義雄によれば、1970年ころ、ICの製造委託料金
は1フリップフロップあたり1ドルが相場だったそうです。演算回路の
ところどころに混じるのは仕方がないにしろ、ぎっしり並べてSRAMを
作ることは無謀です。実際、インテルが1969年4月に様子見で発売した
バイポーラのSRAM、3101は、容量が64ビットで単価が100ドルでした。

　こうした事情から、歴代のコンピュータは手ごろな記憶素子を求めて
試行錯誤を続けます。1942年にアイオワ州立大学で完成したABCは、
コンデンサを使い、電荷の有無で記憶しました。電荷は短時間で消失す
るため、1秒ごとに読みだしては書き直しを繰り返します。ひどく原始的
な印象を受けますが、基本的な記憶の原理は現在のDRAMと同じです。

⬆ABCの記憶装置（中央に見える円筒の内側にコンデンサが並んでいます）

CHAPTER ● 2―DRAMの制御

⬆極限まで小型化された1960年代後半のコアメモリ

Photo — olafpictures

1948年にマンチェスター大学で完成したSSEMは、ブラウン管に線または点を表示し、残像で記憶しました。残像は約0.2秒ごとに読み出して表示し直す必要があります。また、1949年にケンブリッジ大学で完成したEDSACは、水銀を伝搬する音波の遅延を利用しました。音波をデータで変調し、水銀をとおし、出てきたものを元へ戻してぐるぐる回します。

　以上のRAMは、実験室で動作したものの普及には至りませんでした。商業生産された最初のRAMは、磁性体を縦、横、斜めの電線で編み込んだコアメモリです。コアメモリは1951年にマサチューセッツ工科大学で実用化され、以降の20余年、ほぼすべてのコンピュータで採用されました。1960年代には小型化、低価格化が進み、電卓にも組み込まれました。

　コアメモリを読み書きする手順は次のとおりです。書き込みは、縦と横の電線でひとつの磁性体を特定し、順方向または逆方向の電流で磁化します。読み出しは、逆方向に磁化してみて、斜めの電線に電流が生じるかどうかで判断します。したがって、記憶は電源を切っても保持されますが、読み出しの過程で消失するため、そのつど書き直しが必要です。

　これらDRAMより前に存在したRAMが、いずれもあやふやなアナログの記憶素子を使い、何らかの形でリフレッシュを必要としたことに注目してください。当初、DRAMの面倒なところはRAMに付きものの性質として容認され、対策は使う側に求められました。Z80がDRAMを接続しやすく配慮したのは、そうした市場の観念を踏まえたものです。

⊕ 欠陥があると明示して販売された最初の製品

　DRAMの記憶素子はABCと同様、コンデンサです。ABCでそれっきりになった記憶素子を改めて選んだ理由は半導体の構造がバイポーラからPMOSへ進化したことと関連があります。PMOSの悩みは回路に余計なコンデンサができてしまうことでした。そのできかたを調整し、電気系統と一緒に作り込むことで、メモリの仕組み一式がICに乗りました。

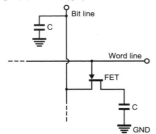

● 1トランジスタ方式

Bit line

C

Word line

FET

C

GND

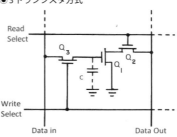

● 3トランジスタ方式

Read
Select

Q_3

Q_2

Q_1

c

Write
Select

Data in

Data Out

⚓ DRAMが1ビットを記憶する構造（Wikipediaの説明図を転載）

　DRAMはIBMが発明し、ハネウェルが改良を加え、インテルが商品化しました。IBMのDRAMは1トランジスタ方式で、構造は現在と同じですが、当時の製造技術ではよく誤動作しました。ハネウェルのDRAMは3トランジスタ方式で、いくらか雑に作っても動作します。インテルはハネウェルと技術提携し、商業生産に適したダイの設計を分担しました。

　インテルは、当初、SRAMでコアメモリを打ち負かすつもりでした。速度がまさることは明白です。課題は実装密度とビット単価ですが、ICの集積度は向上し続けており、それもいつかは克服できるはずでした。実際、PMOSの集積度はバイポーラの4倍になっていました。1969年6月、同社はPMOSで製造した256ビットのSRAM、1101を発売しました。

　半導体のメモリがコアメモリと対抗するには、計算上、1Kビットの容量が必要で、1101はその条件を満たしません。インテルとしては、現状、できるものを作り、あわよくばコアメモリのキャッシュに使ってもらって、時間を稼ぐ方針でした。確かに1KビットのSRAMはいつか完成するでしょうが、それまで会社を存続させるほうが深刻な問題だったのです。

　ハネウェルから持ち込まれたDRAMの提案は、ただちに1Kビットを実現し、時間稼ぎの苦労を約2年分、減らしてくれるものでした。インテルはSRAMの開発を中断し、PMOSのDRAM、1102と1103に取り組みました。1102はハネウェルの提案をそのまま受け入れました。1103はインテルが最新の製造設備に合わせてダイを設計し直したものです。

⬆インテルが発売した世界で最初のDRAM、1103

　1970年10月、インテルが1103を発売しました。価格は10ドルで、1ビットあたり1セントはコアメモリと同じです。さっそく、IBMとヒューレットパッカードが購入し、やがて世界中から引き合いが殺到します。日本でも東芝や日立製作所が購入したとする記録があります。1102のほうは、ハネウェルに納品されましたが、市場に出回った形跡がありません。

　1103の販売は、一度、躓いています。あろうことか約1万個を出荷した時点で仕様書のとおりに動作していないことが判明したのです。調査を進めるとICテスターに欠陥があり、修正したところ、40%だった歩留まりが15%に低下して、状況をいっそう悪化させました。インテルは対応に困り、欠陥があると断って従来どおりの品質で販売を続けました。

⬆1103の出荷に立ち会う開発担当部長のアンディー・グローブ（右端）

問題だらけの1103をうまく動かす方法は顧客の側で考案されました。インテル自身がその方法に気付いてマニュアルに記載するまで、顧客は情報を隠し、他社を出し抜く手段としました。おかげで、引き続き注文が入り、総販売数が350万個に達しました。わかりやすくいうと、インテルが創業から3年の間にあげた利益は、すべて1103が生み出したものです。

⊕ 初期段階のアナログ回路に近い電気的特性

　DRAMが面倒な理由のひとつは、記憶素子がコンデンサで、純粋なデジタルの知識では理解し辛いところにあります。この点は徐々に改善され、現在は、表面上、デジタルで動かせます。Z80の時代には、まだアナログの雰囲気がありました。それ以前はほぼアナログです。1103の動かしかたを知ると、Z80の時代のDRAMが、さほど面倒ではないと感じます。

　1103の電気的特性は、電源電圧が16Vと19V、入力信号は約16V/0V、出力信号は電流で規定されていて約0.8mA/0mAです。電源電圧が単一5Vでないのは初期のICだと普通のことです。入力信号と出力信号は、普通ではありません。デジタルの標準的な信号は当時もいわゆるTTLレベルですから、入力側にレベルシフタ、出力側にセンスアンプが必要です。

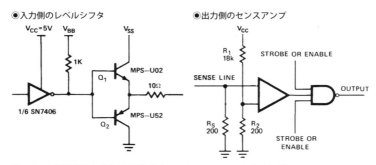

⦿入力側のレベルシフタ　　⦿出力側のセンスアンプ

↟1103の信号経路に必要な回路（インテルのマニュアルより転載）

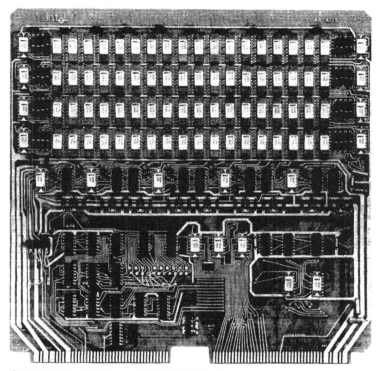

↑1103で構成した18ビット×4KのDRAMボード

　1103の読み書きは、制御信号を動かすタイミングにも厳しい規定が適用されます。規定は細かすぎてデジタルだと遵守できず、アナログの遅延回路が使われました。アナログのタイミングは配線の引き回しや部品のバラツキに影響を受け、予測できない理由でよく規定を超えるため、たとえ設計に自信があっても、動くかどうかは出たとこ勝負になります。

　とはいえ、レベルシフタ、センスアンプ、遅延回路は、1103をいくつ並べても、必要なのは1組みだけです。設計や製造の負担は、容量の大きなDRAMボードほど相対的に軽減されます。さらにインテルは、3207（レベルシフタ）と3208（センスアンプ）を発売して実用性の向上を図りました。1103は、コアメモリに比べて遥かに便利という評価を確立しました。

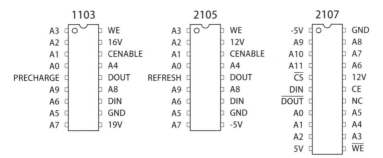

⊙ 初期のDRAMのピン配置

　半導体の構造がPMOSからNMOSに進化すると、インテルは習作を試みます。1971年7月、同社は1103のNMOS版ともいうべき2105を発売しました。機能の追加は1点だけ、記憶検査用のコンデンサをあらかじめ充電しておくという原始的な手順（PRECHARGE）を自動化し、空いたピンで半自動のリフレッシュができるようにしました（REFRESH）。

　NMOSの実力が如何なく製品に反映されるのは1年後です。1972年7月にインテルが発売した4KビットのDRAM、2107は、容量が増えたばかりでなく、電気的特性もあらゆる項目が改善されました。速度が上がり、消費電力が下がり、配線の引き回しによる影響が減りました。最大の改善は、出力信号が電流ではなく、TTLレベルの電圧となったことです。

⊕ フルデコードにかわるマルチプレックスの登場

　ICの製造原価は、回路の設計料や工程の調整料を回収したあとは、あらかたパッケージ代になります。インテルは自慢の製造技術でDRAMの容量を増大しましたが、その結果、アドレスバスのピン数が増え、パッケージ代が上がって利益を圧迫するという皮肉な事態を招きました。この問題の解決策は、インテルではなくモステックから提案されました。

モステックは半導体の製造技術でインテルと肩を並べ、NMOSの時代にはいくぶん先行しました。数年あと、Z80の製造を受託し、ザイログの想定より速く動かすことはすでに述べたとおりです。DRAMの商品化では、1トランジスタ方式を選んだ関係でインテルの後塵を拝しましたが、パッケージ代が問題になったとき、新しい構造で形勢を逆転しました。

　1973年、モステックは4KビットのDRAM、MK4096を発売しました。MK4096はアドレスを行アドレスと列アドレスに分け、時分割で入れる構造で、ピン数を抑えて16ピンのパッケージに収めました。インテルで同じ容量の2107は22ピンですからパッケージ代がぐっと下がりますし、DRAMボードの実装密度が上がるという点でも大きな利点となります。

　DRAMはもともと、行を選択しておいて列を読み書きする構造になっており、行アドレスと列アドレスを時分割で入れても速度がさほど低下しません。また、リフレッシュは行単位で行われるため、行アドレスだけを入れて列アドレスを省略することができます。モステックの構造は、アドレスの指定にひと手間が増えることを除き、合理的かつ効果的です。

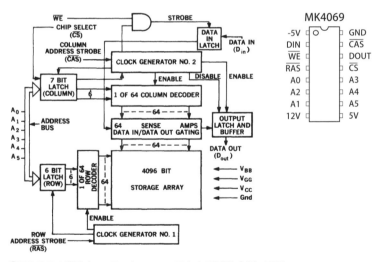

❶MK4069の構造（モステックのマニュアルより転載）とピン配置

119

❶MK4069で構成した8ビット×16KのDRAMボード

　モステックのアドレスバスはマルチプレックスと呼ばれます。マルチプレックスでも容量が4倍になるとピンが1本増えますが、2倍で1本増えるよりは長持ちし、その間の技術的な進歩で減る信号と相殺されます。近々、$\overline{\text{CS}}$（チップ選択）を$\overline{\text{CAS}}$（列確定）で兼用する計画がありましたし、将来、イオン注入で単一5V電源が実現すれば-5Vと-12Vが空きます。

　モステックは工程表を示し、容量が256Kビットになるまで、MK4069の上位互換性を保ちながら16ピンのパッケージを維持すると表明しました。すなわち、上手に作ったプリント基板は今後10年に渡り、DRAMを挿し替える程度で容量が増大します。市場はマルチプレックスを歓迎し、ついにはインテルまでもがMK4069の同等品、2104を発売します。

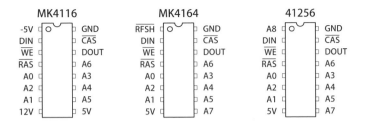

<table>
<tr><th colspan="2">MK4116</th><th colspan="2">MK4164</th><th colspan="2">41256</th></tr>
<tr><td>-5V</td><td>GND</td><td>RFSH</td><td>GND</td><td>A8</td><td>GND</td></tr>
<tr><td>DIN</td><td>CAS</td><td>DIN</td><td>CAS</td><td>DIN</td><td>CAS</td></tr>
<tr><td>WE</td><td>DOUT</td><td>WE</td><td>DOUT</td><td>WE</td><td>DOUT</td></tr>
<tr><td>RAS</td><td>A6</td><td>RAS</td><td>A6</td><td>RAS</td><td>A6</td></tr>
<tr><td>A0</td><td>A3</td><td>A0</td><td>A3</td><td>A0</td><td>A3</td></tr>
<tr><td>A2</td><td>A4</td><td>A2</td><td>A4</td><td>A2</td><td>A4</td></tr>
<tr><td>A1</td><td>A5</td><td>A1</td><td>A5</td><td>A1</td><td>A5</td></tr>
<tr><td>12V</td><td>5V</td><td>5V</td><td>A7</td><td>5V</td><td>A7</td></tr>
</table>

⬆16Kビット～256KビットのDRAMのピン配置

　モステックが1976年に発売した16KビットのDRAM、MK4116は高い完成度を誇り、データシートで「芸術の域に達した」と自画自賛しました。記憶の構造は1トランジスタ方式、入出力信号はTTLレベル、ピン配置は工程表のとおりMK4096を継承しています。各社はこれでDRAMの基本的な構造が確定したと判断し、心置きなく同等品の製造を始めました。

　モステックはうっかり激しい開発競争の渦中に身を置いてしまいました。単一5V電源で動く64KビットのDRAMは富士通ほか数社に先を越され、十分な利益を上げられませんでした。このころから業績が悪化し、紆余曲折を経てSGS-ATESの傘下に入ります。256Kビットの時代には、もうモステックがなかったので、MK41256は発売されていません。

⊕ マイクロプロセッサに最適なデータ幅4ビットの製品

　初期のRAMは、DRAMもSRAMも、入力ピンと出力ピンが1本ずつです。仮にコンピュータのデータバスが8ビットだとすると、最低、8個を並べなければなりません。このことは、当初、大した問題ではありませんでした。伝統的なコンピュータが要求する容量を初期のRAMで実現しようとすれば、いずれにしろ、たくさん並べる必要があったからです。

マイクロプロセッサを採用した個人向けコンピュータが登場すると事情が変わります。RAMの容量は大きいほどいいのではなく、価格で判断されました。AltairのDRAMボードは4Kバイト、Apple IIの標準モデルが16Kバイト、TRS-80は4Kバイトか16Kバイトです。これらは、当時の標準的なDRAM、MK4069かMK4116が8個で実現する最少の容量です。

　以降、容量を増やし続けるDRAMは、8ビットのマイクロプロセッサにとって重荷になりました。64KビットのDRAMは8個で全部のアドレスを埋めてしまい、ROMのために一部を無効とする必要があります。256KビットのDRAMに至っては、有り余る容量を使い切るためにバンク切り替えなどの手法を捻り出すという、本末転倒の事態を招きました。

　パソコンのメーカーと大きな取り引きがあったテキサスインスツルメンツは、1981年、入出力兼用のピンが4本あって8ビットのデータバスに2個単位でつながる4416と4464を発売しました。容量は4416が16Kビット×4（2個で16Kバイト）、4464が64Kビット×4（2個で64Kバイト）です。このうち、実際によく使われたのは容量が小さい4416のほうでした。

　4416は、1983年に発売されたヤマハのCX-5や1984年に発売されたコモドールのC16を始め、適度な容量で間に合う小型で安価なパソコンに幅広く採用されました。その後、パソコンはRAMにそれなりの容量を要求することになりますが、4416は引き続き表示用のメモリとして使われました。1985年に発売されたコモドールのC128がその代表例です。

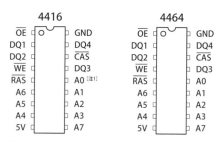

[注1]列アドレスの指定では使いません

❶データ幅4ビットのDRAMのピン配置

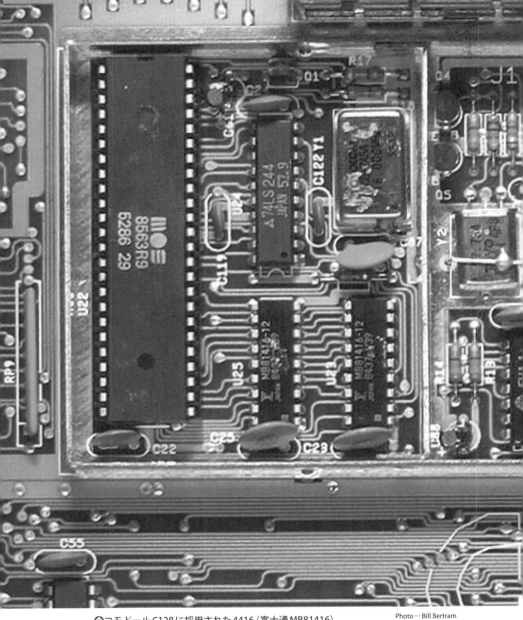

↑コモドールC128に採用された4416（富士通MB81416）

Photo — Bill Bertram

CHAPTER ● 2 ― DRAM の制御

困ったことに、テキサスインスツルメンツの4416は、Z80だとリフレッシュできない問題があります。日本電気、富士通、三菱電機ほか大半の同等品は大丈夫です。問題の詳細や双方の相違は、のちほどZ80のリフレッシュに関係する機能を述べたところで明らかにします。なお、SBCZ80は三菱電機の4416を2個並べて16Kバイトの容量を実現しています。

⊕ マルチプレックスの行／列選択回路と遅延回路

　DRAMの動かしかたがSRAMと違うところは大まかにいって次のふたつです。第1に、アドレスバスがマルチプレックスです。第2に、定期的なリフレッシュを必要とします。Z80はリフレッシュを至れり尽くせりの信号で支援しますが、マルチプレックスには無頓着です。当時の技術者にとって、それは助けを必要とするほどのものではなかったようです。

　マルチプレックスは、行アドレスを入れて$\overline{\text{RAS}}$（行確定）を下げ、最短20n秒後、$\overline{\text{MUX}}$（行／列選択）を下げて列アドレスに切り替え、安定するのを待って$\overline{\text{CAS}}$（列確定）を下げます。DRAMは$\overline{\text{RAS}}$を下げた時点から、順次、読み書きを進めます。完了したら、全部の制御信号を同時に上げ、次回の読み書き（またはリフレッシュ）まで最短100n秒を空けます。

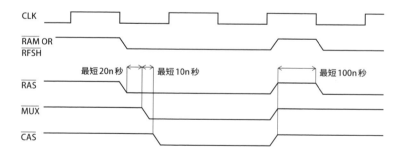

●SBCZ80のDRAMに対するアドレス指定手順（最短時間は4416-15の例）

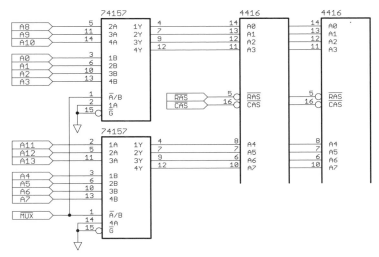

◈SBCZ80の行/列選択回路

　行/列選択回路は$\overline{\text{MUX}}$がHのとき行アドレス、Lのとき列アドレスを
DRAMへ入れます。設計を楽しむ余地はありません。74157をふたつ並
べ、その$\overline{\text{A}}$/B（出力選択）へ$\overline{\text{MUX}}$をつなぐのが事実上の決まり事です。
現実の回路でここに74HC157を使ったとすると、切り替えに約10n秒が
掛かりますから、$\overline{\text{MUX}}$を下げたあと最短10n秒後に$\overline{\text{CAS}}$を下げます。

　以上の説明は、読み書きの要所で遵守するべき時間に言及しています。
本来、遵守するべき時間は随所にあって、そう簡単な話では済みません。
DRAMのデータシートは、ざっと35項目に渡り、詳細なタイミングを規
定しています。ただし、過去にZ80とDRAMを接続した多数の事例から、
大半の規定は遵守されることが明白なので、要所のみを述べています。

　このいささか乱暴な検討に基づいて話をまとめると、マルチプレック
スの要点は、$\overline{\text{RAS}}$、$\overline{\text{MUX}}$、$\overline{\text{CAS}}$を数10n秒の間隔で下げるところにあり
ます。遅延回路は、できればデジタルで動かしたいのですが、クロックが
変化するのは200n秒（2.5MHz）ごとであり、正確なタイミングがとれま
せん。DRAMをきっちり動かすならアナログの遅延回路が無難です。

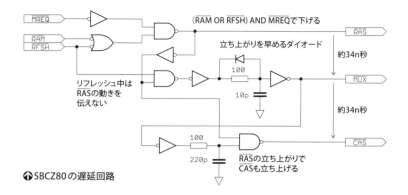

⬆ SBCZ80の遅延回路

図中のラベル：
- MREQ
- RAM / RFSH
- リフレッシュ中はRASの動きを伝えない
- (RAM OR RFSH) AND MREQで下げる
- 立ち上がりを早めるダイオード
- 100 / 10p
- 100 / 220p
- RAS
- MUX（約34n秒）
- CAS（約34n秒）
- RASの立ち上がりでCASも立ち上げる

　アナログの遅延回路は、7400、7404、抵抗とコンデンサの時定数で作ります。計算（概算）上の遅延は、HC型のCMOSを使う想定でゲートあたり6n秒、時定数（秒）が抵抗（Ω）×容量（F）です。実際の遅延はバラつくので、$\overline{RAS}$、$\overline{MUX}$、$\overline{CAS}$の間隔は広めの約30n秒を狙います。これで通常の読み書きができますから、これにリフレッシュの働きを加えます。

　遅延回路をリフレッシュに対応させるには、Z80が$\overline{RFSH}$（リフレッシュ要求）と$\overline{MREQ}$を下げたときにも$\overline{RAS}$を下げ、$\overline{MUX}$と$\overline{CAS}$は上げておく回路を追加します。面倒に思うでしょうが、Z80でなかったら、この程度のことでは済みません。たとえば、リフレッシュの間隔を計り、通常の読み書きを止め、行アドレスを出力する回路などがさらに必要です。

⊕ セル構成とリフレッシュ用の行アドレス

　DRAMの内部では、行アドレスの確定後、行の内容を行バッファへ転送して列の読み書きに備えます。この操作で行のコンデンサが放電してしまうため、行アドレスの解除後、行バッファの内容が書き戻されます。すなわち、DRAMは通常の読み書きでも行をリフレッシュしますが、リフレッシュだけでよければ、行アドレスを確定し、そのまま解除します。

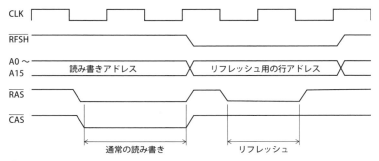

❶SBCZ80のリフレッシュ手順

　Z80はDRAMをリフレッシュするために、メモリの読み書きが行われないという確証がある期間（命令を読み込んだ直後）、$\overline{\text{RFSH}}$を下げてアドレスバスにリフレッシュ用の行アドレスを出力します。したがって、前述のとおり遅延回路が$\overline{\text{RAM}}$とともに$\overline{\text{RFSH}}$でも$\overline{\text{RAS}}$を下げれば、ほかに特別な回路を作るまでもなく、DRAMを接続することができます。

　注意してほしいことがひとつあります。Z80が出力するリフレッシュ用の行アドレスは7ビットであり、DRAMは行／列構造が128行以下でなければなりません。4416は256行×64列×4入出力なので、本来はリフレッシュできません。しかし、日本電気、富士通、三菱電機ほか多くの同等品は、2行ずつリフレッシュすることでこの問題に対処しています。

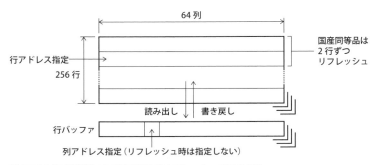

❶4416の行／例構造と国産同等品がリフレッシュする仕組み

4416が記憶を保持できる時間は2m秒です。実質128行を行単位でリフレッシュする場合、間隔は15.6μ秒以内でなければなりません。標準のZ80（2.5MHz）が$\overline{\text{RFSH}}$を下げる間隔は、最短0.4μ秒、最長9.2μ秒であり、余裕をもって間に合います。加えて、このリフレッシュを挿入しても読み書きの動作を遅らせないことがZ80の素晴らしいところです。

⊕ バスの仕様とDRAMの接続

　4416の入力ピンと出力ピンが兼用になっていることは、ピン数の増え過ぎを抑える方策ですが、あらゆる観点からいい判断でした。何しろZ80のデータバスが入出力ピンなので、4416の入出力ピンを単純に接続することができます。ちなみに、入力ピンと出力ピンが独立したDRAMも、多くの回路例が、結局は両方をまとめてデータバスへ直結しています。

　MK4069まで存在したチップ選択信号は、MK4116から$\overline{\text{CAS}}$で兼用となりました。遅延回路が一連の手順をアドレスデコーダの$\overline{\text{RAM}}$で始めれば、最終的に$\overline{\text{CAS}}$が下がるため、おのずとDRAMが選択されます。一方、$\overline{\text{RFSH}}$で始めた場合は、$\overline{\text{CAS}}$が下がりませんから、リフレッシュ中の雑音がデータバスに出ませんし、消費電力が極小に抑えられます。

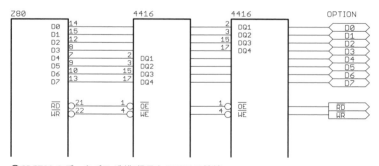

❹SBCZ80のデータバス/制御信号とDRAMの接続

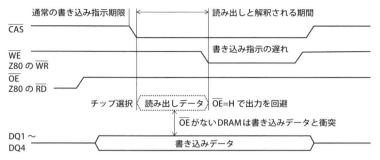

通常の書き込み指示期限｜←——————→｜読み出しと解釈される期間

$\overline{\text{CAS}}$

$\overline{\text{WE}}$
Z80 の $\overline{\text{WR}}$　書き込み指示の遅れ

$\overline{\text{OE}}$
Z80 の $\overline{\text{RD}}$

チップ選択　　読み出しデータ　$\overline{\text{OE}}$=H で出力を回避

$\overline{\text{OE}}$ がないDRAMは書き込みデータと衝突

DQ1〜
DQ4　　　　　　　　書き込みデータ

⬆Z80 と 4416 の書き込み手順

　DRAMの標準的な書き込み手順は、データバスにデータを出しておいて、$\overline{\text{CAS}}$ が下がる前に $\overline{\text{WE}}$（書き込み指示）を下げます。もし $\overline{\text{WE}}$ を下げるのが遅れると、読み出しが始まって、データバスでデータが衝突します。Z80の $\overline{\text{WR}}$（書き込み指示）で $\overline{\text{WE}}$ を動かすと、よくそういう事態を招きます。たいがい便利なZ80で、唯一の難点は、$\overline{\text{WR}}$ が遅く出ることです。

　入力ピンと出力ピンが独立したDRAMだと、この問題を回避するために曲芸のような対策が必要です。入出力ピンが兼用のDRAMは、そのような事態に備え、より合理的な方法を用意しました。4416や4464では $\overline{\text{OE}}$（読み出し指示）が追加されています。$\overline{\text{OE}}$ をZ80の $\overline{\text{RD}}$（読み込み指示）で動かせば、何もかもうまくいって、技術的に美しくつながります。

⊕ SBCZ80 の標準的な構成

　SBCZ80はICが12個あり、抵抗、コンデンサ、コネクタ類を含めたピンの総数が304本にのぼります。手配線すると電線だらけになり、とりわけDRAMの周辺でタイミングのズレが生じかねません。筋金入りのマニアは、そこを何とかするのが自作の醍醐味だというでしょうが、正直、手配線は度を越して面倒くさ過ぎるので、プリント基板を起こしました。

CHAPTER ● 2—DRAM の制御

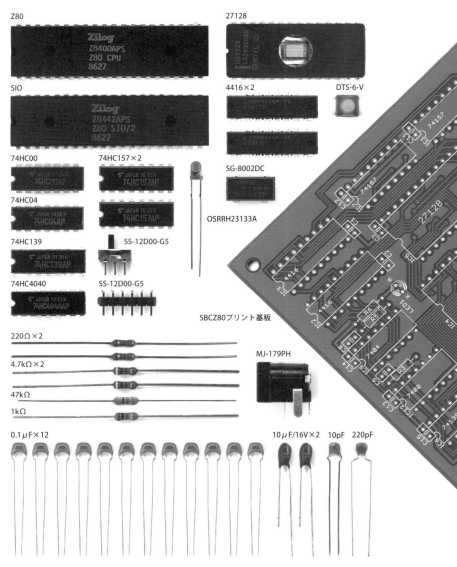

Z80

SIO

74HC00   74HC157×2

74HC04

74HC139   SS-12D00-G5

74HC4040   SS-12D00-G5

220Ω×2

4.7kΩ×2

47kΩ

1kΩ

0.1μF×12

27128

4416×2   DTS-6-V

SG-8002DC

OSRRH23133A

SBCZ80プリント基板

MJ-179PH

10μF/16V×2   10pF   220pF

⬆SBCZ80のプリント基板に取り付ける部品（ICソケットを除く）

プリント基板はサービスサイズ（100mm × 100mm）に収まればネット経由で海外に注文し、10枚5ドル程度で製造することができます（送料が本体の3倍くらい掛かります）。サービスサイズを超えると料金が跳ね上がるので、余計なものを乗せないように配慮します。SBCZ80は本質と関係の薄い電源やシリアルの周辺で、シレっと回路を簡略化しています。

　電源は出力電圧5VのACアダプタから直接とることにしてDCジャックひとつで済ませました。この方法は供給できる電流に限度があります。4416の信号がTTLレベルなので、本来、制御回路はTTLで構成するべきですが、便宜的に、消費電流の小さいHC型のCMOSを取り付けました。経験上、動かなかったことはありませんから大目に見てください。

　SIOとパソコンの接続にUSB-シリアル変換ケーブルを使うのも、シリアルまわりの回路をシリアル接続ピンだけで済ませる狙いがあります。こちらはもう定着したやりかたで、シリアル接続ピンはFTDIのUSB-シリアル変換ケーブル、TTL-232R-5Vのピン配置が業界標準となっています。そこには、各社のUSB-シリアル変換アダプタもつながります。

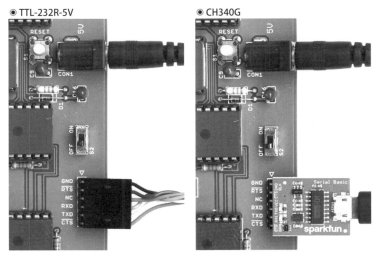

⬆SBCZ80にACアダプタとUSB-シリアル変換ケーブル/アダプタを取り付けた状態

ACアダプタやUSB-シリアル変換ケーブルを使って部品を減らし、プリント基板をサービスサイズに収める方法は、あながちインチキとはいえません。この種のシングルボードコンピュータをいくつも作るマニアにとっては、定型的で退屈な回路を使い回し、ひとつひとつのプリント基板は、それならではの回路だけで構成するほうが合理的なのです。

⊕ SBCZ80 の倍速化

　SBCZ80はテストプログラムによる一般的な動作確認を済ませたあとロジックアナライザとオシロスコープでDRAMの挙動を観測しました。クロックが標準の2.4576MHzだと、あらゆるタイミングに十分な余裕があります。そうなることは予測されたので、プリント基板にソルダパッドを仕込み、倍速の4.9152MHzでも動かせるようにしてあります。

⬆オシロスコープでDRAMの挙動を観測している様子

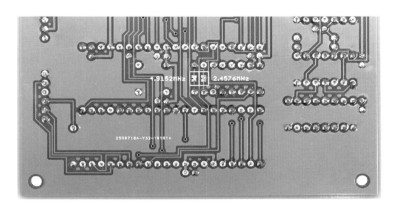

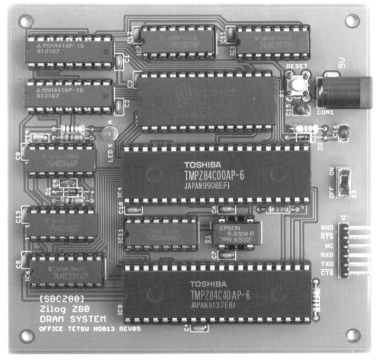

❶SBCZ80を倍速で動かす製作例

133

SBCZ80は、2.4576MHzのソルダバッドを切断し、4.9152MHzのほうを
ハンダブリッジすることで倍速になります。余裕を見込み、Z80とSIOは
6MHz版、EPROMも比較的高速なEEPROMに挿し替えました。これで
もし問題が起きたら、原因はDRAMの制御回路に絞り込まれます。おそ
らく、長めにとった遅延回路の時定数を少し詰めれば解決するでしょう。
　ロジックアナライザは比較的長い期間に渡って制御信号の推移を見る
のに適しています。変数の読み書きでは、$\overline{RAS}$、$\overline{MUX}$、$\overline{CAS}$が順番に下
がり、同時に上がること、$\overline{OE}$が適切に上下して$\overline{WE}$の遅れに対処してい
ることがわかります。命令の読み出しは、すぐあとにリフレッシュが続
くためタイミングが厳しいのですが、倍速でも十分に間に合っています。

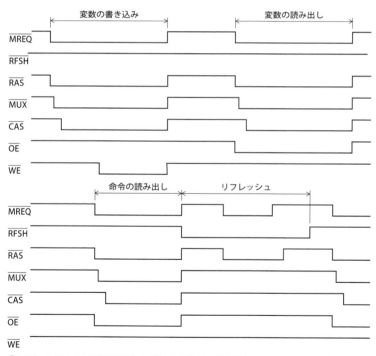

❶ロジックアナライザで観測したDRAMまわりの波形（クロック4.9152MHz）

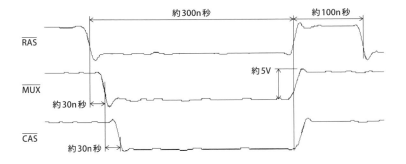

❶オシロスコープで観測した遅延回路の波形（クロック4.9152MHz）

　オシロスコープは比較的短い期間を捉えて制御信号の詳細な振れかたを観測することができます。$\overline{RAS}$、$\overline{MUX}$、$\overline{CAS}$は、机上の計算よりやや狭いのですが、規定を満たす間隔で下がっています。上がりかたは、ほぼ同時です。この結果を見る限り、時定数を決める部品に多少のバラつきがあったとしても、DRAMを正しく読み書きすることができそうです。

　以上のとおり、SBCZ80はDRAMを正しく動かすことがわかりました。仕上げにもうひとつ、ICソケットに挿すDRAMの実物が設計の前提とした速度で動くことを確認しておきます。メモリの速度は、通常、細かな話を抜きにして、アクセスタイムで語られます。DRAMの場合、アクセスタイムは$\overline{RAS}$が下がってから読み書きを完了するまでの時間です。

　オシロスコープの波形を見ると、$\overline{RAS}$が下がってから上がるまでの期間は、最短となる命令の読み出しで約300n秒です。したがって、DRAMのアクセスタイムは300n秒より短くなければなりません。4416のデータシートを見渡すと、実例で使った三菱電機のM5M4416P-15が150n秒、最悪の製品でも200n秒ですから、たいがいどれでも大丈夫です。

3 BASICの移植

[第2章]
伝説の真実

⊕ パソコン以前からマニアが趣味で使っていたBASIC

　パソコンは初期の約20年、電源を入れるとすぐBASICが起動するスタイルをとりました。BASICが全面的に素晴らしい言語でないことは当初から指摘されていましたし、現在は誰でもこき下ろすことができます。しかし、ROMと少量のRAMで動き、見よう見まねで使え、頑張ればそれなりのプログラムを書ける言語は、BASICを除いて見あたりません。

　BASICの元祖は1964年にダートマス大学のジョン・ケメニーとトーマス・カーツが開発した、通称、ダートマスBASICです。これがパソコンより早く存在するため、BASICがパソコンのために開発されたとはいえません。コンピュータはゼネラルエレクトリックのGE-225で、構造もその後のBASICに採用されたインタプリタとは異なるコンパイラです。

　ジョン・ケメニーとトーマス・カーツが目指したのは、当時の表現を借りれば、コンピュータを管理階級の独占から大衆へ開放することでした。まず、タイムシェアリングシステムを作り、管理者の仲介なしに、使いたい人が直接、端末から操作できるようにしました。次に、運用操作のコマンドを包含したわかりやすい言語を作り、BASICと名付けました。

　タイムシェアリングシステムとBASICは数年のうちに、ヒューレットパッカード、DEC、CDCなどのコンピュータへ広がりました。また、これらのコンピュータを持って端末の時間貸しをするサービスが始まりました。その結果、切実に計算を必要とする人ばかりでなく、コンピュータに憧れを抱いていたマニアにも、実物を操作する機会がもたらされます。

Photo―Darthmous Callege

⬆ジョン・ケメニーによるBASICの講義

CHAPTER ● 3―BASICの移植

people's computer c

↑PDP-8の端末を使いたい人に向けた案内 (PCCの機関誌より抜粋)

I'm going to take the high road and talk about Edu10 and Edu20 (this time) and Edu21 and Edu25 (next time).

You can start with EduSystem 10 or EduSystem 20.

A *one* user EduSystem 10 costs $6960.

• PDP8e computer with 4K words of memory	4490
• hardware bootstrap*	500
• one TTY (Teletype)	1620
• EduSystem 10 software	250
• Textbook kit	100
	$6960

The empty places are SLOTS

A PDP8e chassis comes with 20 sl 4K memory computer eats up 10 slots, you 10 to grow into.

An 8K memory computer eats up leaving you 9 to grow into.

⊕PDP-8なら個人で買えるというやや強引な記事（PCCの機関誌より抜粋）

　1970年代初旬、コンピュータをBASICで操作することは、すでにマニアの趣味となっていたようです。ダイマックスと名乗る小さな出版社の社長、ボブ・アルブレヒトは、BASICの入門書を当てて大金を稼ぎ、DECのPDP-8を買って端末の時間貸しを始めました。この商売は道楽に近く、木曜日の夜は無料としたので、同社はマニアの巣窟になりました。

　ボブ・アルブレヒトはつねづねコンピュータの面白さを広く伝えたいと考えていました。ダイマックスの常連たちも同じ思いでした。彼らによって非営利の教育団体、PCC（ピープルズコンピュータカンパニー）が結成されます。PCCはBASICの普及活動に励み、まだパソコンが存在しない期間、コンピュータに関心を持つ人たちのリーダーとなりました。

⊕ ビル・ゲイツとポール・アレンのBASIC

　MITSがAltairを発売した時点で、BASICはもうマニアの間でよく知られた言語でした。Altairで動くBASICを作れば売れることは明白でした。ハネウェルのプログラマ、ポール・アレンは『Popular Electronics』の記事でAltairの発売を知るや、すぐ退職を決意し、高校の後輩でハーバード大学の学生、ビル・ゲイツにBASICの共同開発を持ち掛けました。

Altair BASIC Interpreter Source Tape, Micro-soft, US, 1975
Paul Allen finished his BASIC program while flying to
Albuquerque with Bill Gates to demonstrate it to MITS's
Ed Roberts. Microsoft later created interpreters for many
other languages and processors, though BASIC remained
its most valuable product into the early 1980s.
Gift of Bill Gates, Jr., 102631998

↑コンピュータ歴史博物館に展示されている Altair BASIC

Photo — Michael Hicks

ポール・アレンとビル・ゲイツは過去に数回、共同でプログラムを開発し、小銭を稼いだことがあります。プログラマとしての腕前はお互いに認め合うところでしたが、商売の機微はビル・ゲイツのほうが心得ていました。そのため、過去に共同で始めた仕事は、結局、いつもビル・ゲイツが仕切りました。BASICの開発も、そういう体制で始まりました。

　ビル・ゲイツは、同じことを始めた誰かに契約を先取りされては困ると考え、MITSに電話を掛けてハッタリをいいました。「BASICに関心はありませんか? 暫定版がもうAltairで動いていますよ」。MITSは、Altairを出荷する前だったので、そんなはずがありませんが、「では仕上がったら連絡をください。最初に持ってきた人と契約をします」と応じました。

　この迂闊な行動の見返りに、MITSがまだ誰ともBASICの契約を結んでいないことがわかりました。だとしても、Altairを注文して到着を待っていたら一番乗りを果たせません。ポール・アレンはPDP-10で動く8080のシミュレータを持っていました。それをAltairのシミュレータに拡張し、ハーバード大学コンピュータセンターのPDP-10で動かしました。

　ビル・ゲイツとポール・アレンのBASICは8週間で完成しました。ポール・アレンが紙テープを持ってMITSを訪ね、ぶっつけ本番のテストに臨みました。4KバイトのRAMがいるというので、MITSは発売前のDRAMボードをAltairに挿しました。あれこれ胡散臭い男らが持ち込んだ怪しげなBASICは、MITSの予想に反し、一発で完全に動作しました。

⊕ Altair BASICの4K版と8K版と拡張版

　1975年4月、ビル・ゲイツとポール・アレンのBASICはAltair BASICの名前でMITSのカタログに掲載され、ふたりは契約金175000ドルと印税契約を手に入れました。売り切りにはしないでおいて、ビル・ゲイツはこれを商品とする会社、マイクロソフトを設立しました。ポール・アレンはMITSの社員になりましたが、のちにマイクロソフトへ合流します。

最初のAlatir BASICは俗に4K版と呼ばれます。4K版は4Kバイトの
RAMで動かす制約から変数名が原則として英字1字（数字1字を付け足
せます）、文字列変数がないなど、伝統的なBASICに比べて貧弱でした。
しかし、生まれて初めて自分のコンピュータを持ったマニアが、当面、何
かをやってみるのには十分だったので、すぐ多くの注文が入りました。

　マイクロソフトがBASICの開発にハーバード大学コンピュータセン
ターのPDP-10を使ったことは、明確に禁止されていませんでしたが、暗
黙の了解に違反しました。同社はハーバード大学からの警告にしたがい、
別のサービスへ切り替えました。このとき、ビル・ゲイツは控えとして
4K版のソースを印刷し、どこかに置いて、そのまま忘れてしまいました。

　それから20余年を経た1999年12月、ハーバード大学コンピュータサ
イエンス学科の教授、ハリー・ルイスが執務室を片付けていたところ、書
棚の後ろから4K版のソースが見付かりました。冒頭に長いコメントが
あり、いくつかの新しい事実が判明しました。たとえば、浮動小数点計算
の機能は、ハーバード大学の学生、モンテ・ダビドフが書いたものでした。

```
00200  TRAP                                          
00220  IFE      LENGTH,<PRINTX /SMALL/ >
00240  IFE      LENGTH-1;<PRINTX /MEDIUM/ >
00260  IFE      LENGTH-2;<PRINTX /BIG/ >
00280  IFE      STRING;<PRINTX /NO $$/ >
00300  IFN      STRING;<PRINTX /$$ $$/ >
00320  >
00340  SUBTTL   VERSION 1.1 -- MORE FEATURES TO COME
00360  COMMENT *
00380
00400  --------- --- ---- ----- --- ---- ----
00420  COPYRIGHT 1975 BY BILL GATES AND PAUL ALLEN
00440  --------- --- ---- ----- --- ---- ----
00460
00480
00500  WRITTEN ORIGINALLY ON THE PDP-10 AT HARVARD FROM
00520  FEBRUARY 9 TO APRIL 27
00540
00560  PAUL ALLEN WROTE THE NON-RUNTIME STUFF.
00580  BILL GATES WROTE THE RUNTIME STUFF.
00600  MONTE DAVIDOFF WROTE THE MATH PACKAGE.
00620
00640  THINGS TO DO:
00641  SYNTAX PROBLEMS (UR)
00642  NICE ERRORS
00643  ALLOW +W AND +C IN LIST COMMAND
00646  TAPE I/O
00648  BUFFER I/O
00650  USR ??
00652  ELSE
00660  USER DEFINED FUNCTIONS(MULTI-ARG,MULTI-LINE,STRINGS)
00680  MAKE STACK BOUNDARY STUFF EXACT
00700  (FOUT 24 EIN 14)
```

⬆1999年12月に見付かったAltair BASICのソース（冒頭の要所を抜粋）

4K版のソースには条件式で切り替わる8K版と拡張版の記述があり、実際、これらは4K版から1週間と遅れずに完成しました。8K版は8KバイトのRAMで動き、変数名が英字2字（無効な文字列を付け足せます）、文字列変数が使え、伝統的なBASICより多くの文を備えます。拡張版は12KバイトのRAMで動き、フロッピーディスクの操作に対応します。

⊕ 海賊版 Altair BASIC の流布騒動

　MITSは個人向けコンピュータが実在するという事実を信じない人のためにAltair BASICが動く機材一式をキャンピングカーに積み、MITSモバイルと称してアメリカの各地を回りました。MITSモバイルの予定表は同社の機関誌に掲載されていたので、どこへ行っても満員の盛況でした。それどころか、人が集まり過ぎて混乱を招くことさえありました。

ALTAIR... ON THE ROAD

　The MITS-MOBILE is a camper van equipped with an Altair BASIC language system. Included is an Altair 8800, Comter 256 computer terminal, ACR-33 teletype, Altair Line Printer, Altair Floppy Disk and BASIC language.

　We launched this vehicle (our marketing people refer to it as "a unique marketing tool") in late April with a test swing through Texas. The response was so great that we took the MITS-MOBILE to the National Computer Conference in Anaheim (May 19-22) and spent the next three weeks in California where we were drawing crowds of 200 plus for our nightly seminars.

　Now that we are certain that the MITS-MOBILE is viable, we have decided to upgrade our seminars and tour the entire United States bring-

　During the months of July-August, the MITS-MOBILE will be in the Southeast. Our tentative schedule calls for stops in Amarillo, Oklahoma City, Tulsa, Little Rock, Shreveport, Baton Rouge, New Orleans, Mobile, Jackson, Memphis, Nashville, Knoxville, Chattanooga, Atlanta

↑MITSの機関誌に掲載されたMITSモバイルの案内

ホームブルゥコンピュータクラブのある会員はMITSモバイルで1本の紙テープを拾いました。別の会員が調べると、中身はAltair BASICでした。ふたりは集会でコピーを配りました。対価は「コピーしてまた配ること」でした。しばらくすると、バグを修正したり、機能を拡張したりして配る猛者が現れました。こうして、数百本の海賊版が出回ります。

　彼らの行為が違法であることは断言しておきます。一方、彼らにも多少の言い分がありました。代表のリー・フレゼンスタインは、こう述べています。「Altair BASICは価格がえげつないんだよ。俺たちは趣味で使い、一銭の利益も上げていないんだ。足もとを見て取れるだけ取るつもりなら、ソフトウェアで金儲けしている企業を相手にしたらどうだい」。

　ビル・ゲイツは抗議の公開書簡を書き、ホームブルゥコンピュータクラブを始め、機関誌を発行している各種の団体に送りました。その結果、両者の揉め事はアメリカ中に伝わり、ソフトウェアのありかたが議論を呼ぶと同時に、マニアでない層の人にもAltair BASICを有名にしました。この一件が、個人を対象としたBASICの新しい動きを誘います。

⊕ PCCの機関誌から生まれたタイニー BASIC

　PCCのボブ・アルブレヒトはホームブルゥコンピュータクラブの出来事を独自の視点で観察していました。とりわけ興味を持ったのは、高度な技術で成り立つBASICを、こともなげに修正、拡張するマニアの活力でした。仮にやっつけたようなBASICでも、ソースを公開し、改編を認めたら、マニアが寄ってたかって完成度を上げてくれるもしれません。

　ボブ・アルブレヒトはPCCの活動として、そんなBASICを作ってみることにしました。機関誌で書評を担当していたデニス・アリソンが、ごく簡単なBASICの仕様を策定し、タイニー BASICと名付けました。開発は担当がなくて暇そうなバーナード・グリーニングと数人のチームに任されました。目標はAltairとなるべく少ないRAMで動かすことでした。

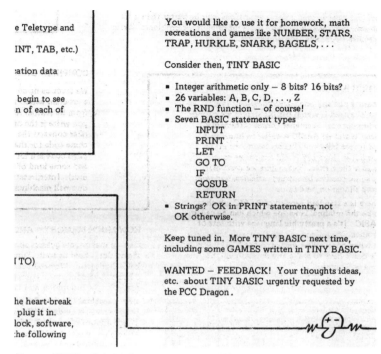

e Teletype and

NT, TAB, etc.)

:ation data

begin to see
n of each of

You would like to use it for homework, math
recreations and games like NUMBER, STARS,
TRAP, HURKLE, SNARK, BAGELS, . . .

Consider then, TINY BASIC

- Integer arithmetic only — 8 bits? 16 bits?
- 26 variables: A, B, C, D, . . ., Z
- The RND function — of course!
- Seven BASIC statement types
      INPUT
      PRINT
      LET
      GO TO
      IF
      GOSUB
      RETURN
- Strings? OK in PRINT statements, not
  OK otherwise.

Keep tuned in. More TINY BASIC next time,
including some GAMES written in TINY BASIC.

WANTED — FEEDBACK! Your thoughts ideas,
etc. about TINY BASIC urgently requested by
the PCC Dragon .

 TO)

he heart-break
plug it in.
lock, software,
:he following

◐PCCの機関誌で発表されたタイニー BASICの仕様

　開発の進捗は1975年3月以降、随時、PCCの機関誌で報告されました。ところが、機関誌は開発に難航する状況を仄めかしたあげく、わずか半年あまりで打ち切りを宣言します。そのとたん、読者から、つたないながらもどうにか動くタイニー BASICの投稿が相次ぎました。投稿は投稿を呼び、やがて、機関誌の限られた誌面では掲載し切れなくなりました。

　1976年1月、PCCは機関誌の趣旨を引き継ぐタイニー BASICの専門誌『ドクタードブズジャーナル』を創刊します。同誌に掲載されたタイニー BASICは1976年5月の時点で4本を数えました。それらは、先頭に開発者が住むところの地名を付けて区別されました。その中の1本、リ・チン・ワンが開発したパロアルトタイニー BASICは珠玉の名作でした。

rn the
to

Turn on
nd then
t-P's

trol-0,
e is

he
mark

to do it.

t but

you
ete the
a
s of a

mber
old

CR

ol-C

```
****************************************************************
*
*                  TINY BASIC FOR INTEL 8080
*                        VERSION 1.0
*                      BY LI-CHEN WANG
*                       10 JUNE, 1976
*                        @COPYLEFT
*                     ALL WRONGS RESERVED
*
****************************************************************
*
*     *** ZERO PAGE SUBROUTINES ***
*
*     THE 8080 INSTRUCTION SET LETS YOU HAVE 8 ROUTINES IN LOW
*     MEMORY THAT MAY BE CALLED BY RST N. N BEING 0 THROUGH 7.
*     THIS IS A ONE BYTE INSTRUCTION AND HAS THE SAME POWER AS
*     THE THREE BYTE INSTRUCTION CALL LLHH.  TINY BASIC WILL
*     USE RST 0 AS START OR RESTART AND RST 1 THROUGH RST 7 FOR
*     THE SEVEN MOST FREQUENTLY USED SUBROUTINES.
*     TWO OTHER SUBROUTINES (CRLF AND TSTNUM) ARE ALSO IN THIS
*     SECTION.  THEY CAN BE REACHED ONLY BY 3-BYTE CALLS.
*
                        ORG     X'0000'
0000 F3         START   DI      .               *** START/RESTART ***
0001 310020 aaaa        LODI    SP,STACK        INITIALIZE THE STACK
0004 C3BA00             JMP     ST1             GO TO THE MAIN SECTION
0007 4C                 CHAR    'L'
*
0008 E3                 XCH     HL,(SP)         *** TSTC OR RST 1 ***
0009 EF                 IGNBLK                  IGNORE BLANKS AND
000A BE                 CMP     M               TEST CHARACTER
000B C36800             JMP     TC1             REST OF THIS IS AT TC1
*
000E 3E0D       CRLF    LODI    A,@CR           *** CRLF ***
*
0010 F5                 PUSH    AF              *** OUTC OR RST 2 ***
0011 3A0008             LD      A,OCSW          PRINT CHARACTER ONLY
0014 B7                 IOR     A               IF OCSW SWITCH IS ON
0015 C31A07             JMP     OC2             REST OF THIS IS AT OC2
*
0018 CD5504             CALL    EXPR2           *** EXPR OR RST 3 ***
001B E5                 PUSH    HL              EVALUATE AN EXPRESION
001C C31104             JMP     EXPR1           REST OF IT IS AT EXPR1
001F 57                 CHAR    'W'
*
0020 7C                 LOD     A,H             *** COMP OR RST 4 ***
0021 BA                 CMP     D               COMPARE HL WITH DE
0022 C0                 RET     NZ              RETURN CORRECT C AND
0023 7D                 LOD     A,L             Z FLAGS
0024 BB                 CMP     E               BUT OLD A IS LOST
0025 C9                 RET     U
0026 414E               CHAR    'AN'
*
0028 1A         SS1     LD      A,(DE)          *** IGNBLK/RST 5 ***
0029 FE20               CMPI    ' '             IGNORE BLANKS
002B C0                 RET     NZ              IN TEXT (WHERE DE->)
002C 13                 INC     DE              AND RETURN THE FIRST
002D C32BC0             JMP     SS1             NON-BLANK CHAR. IN A
*
0030 F1                 POP     AF              *** FINISH/RST 6 ***
0031 CD9105             CALL    FIN             CHECK END OF COMMAND
0034 C3A405             JMP     QWHAT           PRINT "WHAT?" IF WRONG
0037 47                 CHAR    'G'
*
0038 EF                 IGNBLK                  *** TSTV OR RST 7 ***
0039 D640               SUBI    '@'             TEST VARIABLES
003B D8                 RET     C               C:NOT A VARIABLE
003C C2580C             JMP     NZ,TV1          NOT "@" ARRAY
003F 13                 INC     DE              IT IS THE "@" ARRAY
0040 CDFB04             CALL    PARN            @ SHOULD BE FOLLOWED
0043 29                 ADD     HL,HL           BY (EXPR) AS ITS INDEX
0044 DA9F00             JMP     C,QHOW          IS INDEX TOO BIG?
0047 D5                 PUSH    DE              WILL IT OVERWRITE
0048 EB                 XCH     HL,DE           TEXT?
0049 CD3D05             CALL    SIZE            FIND SIZE OF FREE
004C E7                 COMP                    AND CHECK THAT
004D DAD005             JMP     C,ASORRY        IF SO, SAY "SORRY"
0050 21001F aaaa        LODI    HL,VARBGN       IF NOT, GET ADDRESS
```

thodontia, Box 310, Menlo Park CA 94025   Page 15

❶『ドクタードブズジャーナル』に掲載されたパロアルトタイニー BASIC（冒頭の抜粋）

パロアルトタイニー BASIC は、デニス・アリソンが策定した仕様に基づき、文や関数を追加して、Altair BASIC の4K版へ近付けたものとなっています。両者の決定的な違いは、パロアルトタイニー BASIC が整数計算のみというくらいですから、ゲームなど多くの応用で Altair BASIC のように使えます。それでいて本体のサイズがたったの2Kバイトです。

　リ・チン・ワンはホームブルゥコンピュータクラブの会員で、ビル・ゲイツに反感がありました。ですから、ビル・ゲイツがやりそうなことに当てこすり、ソースの冒頭に「@COPYLEFT ALL WRONGS RESERVED」と書きました。この一文が意味するところは、法律家たちの議論を経て、オープンソースのフリーウェアにあたるという解釈でまとまりました。

　ボブ・アルブレヒトが期待したとおり、パロアルトタイニー BASIC は一部を改編していろいろなところで使われました。たとえば、タンディの TRS-80 は、当初、BASIC がパロアルトタイニー BASIC でした。ちなみに、SBCZ80でも動きます。ボブ・アルブレヒトの期待が外れたのは、最初から完成度が高く、誰もバグの修正に貢献できなかったことです。

⊕ マイクロソフトがBASICの直販を開始

　1975年11月、MITS はモトローラの6800で動く Altair680 を発売しました。BASIC は新しくマイクロソフトの一員に加わったリック・ウェイランドがトランスレータの力を借りて移植しました。MITS はそれを買い取りの契約にして、マイクロソフトに31200ドルを支払います。こうして、Altair BASIC はマイクロプロセッサの初期の両雄に対応しました。

　Altair BASIC はホームブルゥコンピュータクラブの騒動で、むしろマニアに絶大な人気があることを証明しました。MITS は、今後、個人向けコンピュータの発売を予定している会社が Altair BASIC のライセンスを求めて殺到するだろうと予測しました。その対応を任せるため、Altair BASIC を知り尽くしたポール・アレンを社員に迎えておいたのです。

Choose from Two Versions of BASIC Language

Level I BASIC

Level I is a simplified version of BASIC programming language. Our outstanding owner's manual lets you learn how to program quickly and easily—even if you have no prior knowledge of computers or programming. Level I includes video graphics, 250-baud cassette input/output, floating point arithmetic, numeric array, limited string variables and command abbreviations.

More Powerful Level II

Level II is an advanced version of BASIC. It offers vastly increased computing power and additional features as indicated below. Note that Level II intrinsic functions remain at 6-digit accuracy. A detailed 140-page manual is included. Level II includes 23 specific error codes which can also be used to generate an error in order to test error-trapping routines.

Feature Comparison Chart

FEATURE	LEVEL I	LEVEL II
Array Dimensions	One	No limit
Array names	A(X)	Any numeric variable name
Auto line number	No	Yes
Cassette Speed	250 Baud	500 Baud
Compressed Prog. Storage	No	Yes
Command Abbreviations	Yes	No
Disk Capability	No	Yes
Error Codes	3	23
Error Trapping	No	Yes
Editing	No	Yes
Execution time	(L-II 30% faster than L-I)	
Formatted Print	No	Yes
Keyboard rollover	No	Yes
Logical line lgth.	64 Char.	255 Char.
Multi Statement prog. lines	Yes	Yes
Named files	No	Yes
Numeric accuracy: Single precision	6 Digits	6 Digits
Double precision	—	16 Digits
Numeric Variable Names	A-Z	A-Z, AA-ZZ A1-Z9
Port Access	No	Yes
Printer Commands	No	Yes
Prog. line lgth.	64 Char.	255 Char.
ROM size	4K	12K
Screen Format	16 x 64	16 x 64 or 16 x 32
String length	16 Char.	255 Char.
String names	A$, B$	Any numeric variable name
Tracing	No	Yes
Variables names	1 Char.	Multi-char. (2 Significant)

Language Comparison Chart

COMMAND	LEVEL I	LEVEL II
ABS (X)	X	X
ASC (A$)		X
ATN(X)		X
AUTO		X
CDBL (X)		X
CHR$(X)		X
CINT(X)		X
CLEAR		X
CLEAR(X)		X
CLOAD	X	X
CLOAD?		X
CLOAD (FILE)		X
CLS	X	X
CONT	X	X
COS(X)		X
CSAVE	X	X
CSAVE (FILE)		X
CSNG(X)		X
DATA	X	X
DEFDBL		X
DEFINT		X
DEFSNG		X
DEFSTR		X
DELETE		X
DIM		X
EDIT		X
ELSE		X
END	X	X
ERL		X
ERR		X
ERROR(X)		X
EXP(X)		X
FIX(X)		X
FOR-NEXT-STEP	X	X
FRE(A$)		X
FRE(0)		X
GOSUB	X	X
GOTO	X	X
IF-THEN	X	X
INKEY$		X
INP(X)		X
INPUT	X	X
INPUT#	X	X
INPUT#-X		X
INT(X)	X	X

(Cont'd)	LEVEL I	LEVEL II
LEFT$(A$)		X
LEN(A$)		X
LET	X	X
LIST	X	X
LLIST		X
LOG(A)		X
LPOS(0)		X
LPRINT		X
MEM	X	X
MID$(A$,X,Y)		X
NEW	X	X
NOT		X
ON	X	X
ONERROR GOTO		X
OUT X,Y		X
PEEK (X)		X
POINT (X,Y)	X	X
POKE X,Y		X
POS(X)		X
PRINT	X	X
PRINT AT	X	
PRINT@		X
PRINTUSING		X
PRINT#	X	X
RANDOM		X
READ	X	X
REM	X	X
RESET(X,Y)	X	X
RESTORE	X	X
RESUME		X
RETURN	X	X
RIGHT$(A$,X)		X
RND(1)	X	X
RND(X)	X	X
RUN	X	X
SET(X,Y)	X	X
SGN(X)		X
SIN(X)		X
SQR(X)		X
STOP	X	X
STR$(A)		X
STRING$(X,Y)		X
SYSTEM		X
TAB(X)	X	X
TAN(X)		X
TRON		X
TROFF		X
USR(0)		X
VAL(A$)		X
VARPTR(X)		X

↑タンディのカタログに掲載された Level I BASIC と Level II BASIC の比較

しかし、ものごとはMITSの思惑どおりに進みませんでした。現実に数社がMITSを訪れましたが、必要としたのはモステクノロジーの6502で動くBASICでした。ポール・アレンは、そうした会社にマイクロソフトを紹介しました。MITSは、ポール・アレンがマイクロソフトの手先として送り込まれたのではないかと疑い、両社の間に深い溝ができます。

　MITSはマイクロソフトを丸抱えで育てた自負があり、どんなBASICであれ、直接の販売を承服しませんでした。両社の話し合いはこじれ、裁判所へ仲裁を申し立てる事態に至ります。仲裁の経過は公表されていませんが、結論として、MITSはBASICの包括的かつ独占的な販売権を持たず、マイクロソフトは他社へ販売できるとする判断が示されました。

　6502のBASICはビル・ゲイツと、マイクロソフトに合流したポール・アレンが書きました。マイクロソフトはそれをコモドールとアップルに売りました。パロアルトタイニーBASICを採用していたタンディも、マイクロソフトのBASICに切り替えました。それはAltair BASICとほぼ同じものですが、MITSの制約を受けないことが仲裁で確定しています。

　マイクロソフトはメンテナンスの煩雑さを嫌い、これらの契約を売り切りにしました（契約金額は明かされていません）。同社のBASICは、コモドールがCommodore BASIC、アップルがApplesoft BASIC、タンディがLevel II BASICを名乗ります。しかし、ユーザーはマイクロソフトが作ったことをよく知っていて、マイクロソフトBASICと呼びました。

⊕ NASCOM2 のマイクロソフト BASIC

　イギリスを管轄するザイログの代理店、ナスコはZ80の評価ボードがほしいと思っていました。インペリアル大学の講師、クリス・シェルトンはコンピュータの自作が趣味でした。一説によれば、ふたりは飛行機で隣の席に着いて知り合い、共同でNascomを完成させました。1977年12月、部品店のリンクスがそれをキットにして197.5ポンドで発売します。

　　　　　　　　　CHAPTER ● 3—BASICの移植

⬆『WirelessWorld』1978年5月号に掲載されたNascom1の広告

　リンクスは電子工作雑誌『WirelessWorld』の1977年11月号から約2年、Nascomの広告を掲載しました。ナスコは同誌にたびたび寄稿してNascomの全貌を明らかにしました。この間もクリス・シェルトンが改良を続け、1979年12月、Nascom2を完成させます。Nascom2は、ナスコがキットにして部品店に卸し、各店が295ポンドで販売しました。

　Nascom2は約3000個所のハンダ付けが必要なことを除いて、ほぼZ80で動くパソコンです。実際、ROMがマイクロソフトBASICを持っていますし、複数の部品店から専用ケースが発売されて見た目もパソコンに近付きました。これがさきがけとなってマニアのコンピュータ熱が高まり、のちにシンクレアやエイコーンがパソコンの開発に乗り出します。

　ナスコはNascom2の情報もすべて惜しみなく公開しました。特筆に値するのはマイクロソフトBASICを例外としなかったことです。同社の機関誌『80-BUS NEWS』は1983年春号から1984年夏号まで、マイクロソフトBASICを逆アセンブルし、全行にコメントを付けて掲載しました。これは、Z80で動くマイクロソフトBASICの貴重な資料となっています。

↑『WirelessWorld』1980年2月号に掲載されたNascom2の広告

CHAPTER●3—BASICの移植

```
E000 C303E0   START:   JP      STARTB        ; Jump for restart jump
E003 F3       STARTB:  DI                    ; No interrupts
E004 DD210000          LD      IX,0          ; Flag cold start
E008 C312E0            JP      CSTART        ; Jump to initialise

E00B 8BE9              DEFW    DEINT         ; Get integer -32768 to 32767
E00D F2F0              DEFW    ABPASS        ; Return integer in AB

E00F C33CE7            JP      LDNMI1        ; << NO REFERENCE TO HERE >>

E012 210010   CSTART:  LD      HL,WRKSPC     ; Start of workspace RAM
E015 F9                LD      SP,HL         ; Set up a temporary stack
E016 C3BBFE            JP      INITST        ; Go to initialise

E019 11DFE2   INIT:    LD      DE,INITAB     ; Initialise work space
E01C 0663              LD      B,INITBE-INITAB+3;Bytes to copy
E01E 210010            LD      HL,WRKSPC     ; Into workspace RAM
E021 1A       COPY:    LD      A,(DE)        ; Get source
E022 77                LD      (HL),A        ; To destination
E023 23                INC     HL            ; Next destination
E024 13                INC     DE            ; Next source
E025 05                DEC     B             ; Count bytes
E026 C221E0            JP      NZ,COPY       ; More to move
E029 F9                LD      SP,HL         ; Temporary stack
E02A CDDFE4            CALL    CLREG         ; Clear registers and stack
E02D CD81EB            CALL    PRNTCR        ; Output CRLF
E030 32AA10            LD      (BUFFER+72+1),A ; Mark end of buffer
E033 32F910            LD      (PROGST),A    ; Initialise program area
E036 2103E1   MSIZE:   LD      HL,MEMMSG     ; Point to message
E039 CD10F2            CALL    PRS           ; Output "Memory size"
E03C CDFCE4            CALL    PROMPT        ; Get input with "? "
E03F CD36E8            CALL    GETCHR        ; Get next character
E042 B7                OR      A             ; Set flags
E043 C25BE0            JP      NZ,TSTMEM     ; If number - Test if RAM there
E046 215D11            LD      HL,STLOOK     ; Point to start of RAM
E049 23       MLOOP:   INC     HL            ; Next byte
E04A 7C                LD      A,H           ; Above address FFFF ?
E04B B5                OR      L
E04C CA6DE0            JP      Z,SETTOP      ; Yes - 64K RAM
E04F 7E                LD      A,(HL)        ; Get contents
E050 47                LD      B,A           ; Save it
E051 2F                CPL                   ; Flip all bits
E052 77                LD      (HL),A        ; Put it back
E053 BE                CP      (HL)          ; RAM there if same
E054 70                LD      (HL),B        ; Restore old contents
E055 CA49E0            JP      Z,MLOOP       ; If RAM - test next byte
E058 C36DE0            JP      SETTOP        ; Top of RAM found
```

❶ナスコの機関誌に掲載されたBASICの逆アセンブルリスト (本体の冒頭を抜粋)

```
-- NAS-SYS 3 --
J
Memory size? 8000
NASCOM ROM BASIC Ver 4.7
Copyright (C) 1978 by Microsoft
8586 Bytes free
Ok
_
```

⬆Nascom2でマイクロソフトBASICを起動した例

　Nascom2のマイクロソフトBASICは8KバイトのEPROMで提供されました。電源を入れて最初に起動するのは別のROMにあるモニタで、必要に応じ、モニタからマイクロソフトBASICへ分岐します。Nascom2のハードウェアはモニタのほうで管理しており、マイクロソフトBASICはモニタのサブルーチンを呼び出して間接的にNascom2を動かします。

⊕ 自作派のマニアに愛用されるグラントBASIC

　Nascom2の発売から約30年が経過した2012年、イギリスのマニア、グラント・サールがZ80の簡素なコンピュータを作り、Nascom2のマイクロソフトBASICを移植しました。そのBASICは彼の自作機に必要な機能だけで構成され、わかりやすいため、現在、多数の自作機に、再度、移植されています。以降、それをグラントBASICと呼ぶことにします。

　グラント・サールのコンピュータは、たいていの自作機と同様、入出力装置が端末しかありません。ですからグラントBASICは、Nascom2のマイクロソフトBASICにあった余計な入出力装置の処理をごっそり削除しています。その付近を除いては手を付けていないので、長い変数名、文字列変数、浮動小数点計算などの機能は残り、旨味が凝縮した恰好です。

グラント・サールは、さらに、Nascom2がマイクロソフトBASICの起動に使っていたモニタも簡略化し、ただのスタートアップルーチンに置き換えました。スタートアップルーチンは端末の操作に必要な3つのサブルーチンを備え、これらを初期化したあと、ただちにグラントBASICへ分岐します。したがって、電源を入れるとすぐBASICが起動します。

　グラントBASICをZ80の自作機で動かすには、それに見合ったスタートアップルーチンを作ります。グラントBASICそのものは流用することができます。早い話、シリアルのICで文字の入出力ができれば、もう動いたようなものです。実例として、SBCZ80でグラントBASICを動かし、その過程で、Z80やSIOの特徴的な機能を味わってみようと思います。

⊕ スタートアップルーチンの成り立ち

　スタートアップルーチンの使命はコンピュータに固有の構造と向き合い、処理の手順を整えて、グラントBASICへ引き渡すことです。SBCZ80は端末の制御にSIO、RAMにDRAMを採用した点でグラント・サールのコンピュータ（6850とSRAM）と異なりますが、次に述べる配慮でグラントBASICの要求を満たし、それを修正することなく動かします。

　グラントBASICが必要とする働きは端末への1文字出力、端末からの1文字入力、入力可否検査の3つです。これらは、RST命令の1番（08H）、2番（10H）、3番（18H）に対応したサブルーチンとすることが決まっています。RST命令のサブルーチンは、普通のサブルーチンと同じように書きますが、番号で呼び出されるため、入口を既定アドレスに置きます。

　スタートアップルーチンが最初にやることは初期化です。その入り口はZ80の起動アドレス、0000Hになります。ここから8バイトおきにRST命令の既定アドレスがあるため、この付近に長い処理を置くことはできません。初期化やRST命令のサブルーチンは、処理の本体を別のところに置いて、この付近には分岐命令を並べる書きかたが定着しています。

⬇️スタートアップルーチン（グラント BASIC からの呼び出し対応部分）

```
;           GRANT'S BASIC START UP ROUTINE
;           VERSION 1.0, 2020/01/22
;           TARGET: SBCZ80
;           ASSEMBLER: ARCPIT XZ80.EXE
;
;           MEMORY ASIGN
ROMTOP  EQU     0000H           ;ROMの先頭（開始アドレス）
RAMTOP  EQU     8000H           ;RAMの先頭
RAMSIZ  EQU     4000H           ;RAMの仮サイズ
TSTACK  EQU     80EDH           ;仮スタックの頂上
RBFSIZ  EQU     40H             ;バッファのサイズ
;
;           RECEIVE BUFFER
RBFCNT  EQU     RAMTOP          ;バッファの未読文字数
RBFRDP  EQU     RAMTOP+1        ;バッファの読み出し位置
RBFWTP  EQU     RAMTOP+2        ;バッファの書き込み位置
RECBUF  EQU     RAMTOP+3        ;バッファの本体
;           SIO REGISTER ADDRESS
PSIOAD  EQU     00H             ;SIOチャンネルAのデータレジスタ
PSIOAC  EQU     01H             ;SIOチャンネルAの制御レジスタ
PSIOBD  EQU     02H             ;SIOチャンネルBのデータレジスタ
PSIOBC  EQU     03H             ;SIOチャンネルBの制御レジスタ
;
;           RESET (RST 00H)
        ORG     ROMTOP          ;リセット/RST00既定アドレス
        DI                      ;割り込み禁止
        LD      SP,TSTACK       ;仮スタックを設定
        JP      SINIT           ;SINIT（初期化）へ分岐
;
;           PUT 1CHAR (RST 08H)
        ORG     ROMTOP+08H      ;RST08既定アドレス
        JP      TXA             ;TXA（1文字出力）へ分岐
;
;           GET 1CHAR (RST 10H)
        ORG     ROMTOP+10H      ;RST10既定アドレス
        JP      RXA             ;RXA（1文字入力）へ分岐
;
;           KBHIT (RST 18H)
        ORG     ROMTOP+18H      ;RST18既定アドレス
        JP      KBHIT           ;KBHIT（入力可否検査）へ分岐
```

分岐命令の分岐先、すなわち処理の本体は、所定の機能が実現する限り、どう書いてもかまいません。SBCZ80では、こうやります。起動の際は、DRAMのウォーミングアップを実行します。端末の制御は、SIOの特徴を生かすため、入力をモード2の割り込みでバッファリングします。これらの処理で、もし便利なら、Z80で追加された命令を使います。

⊕ 初期化の過程でやるべき処理

　コンピュータにDRAMが使われている場合、ウォーミングアップをする必要があります。4416のマニュアルでは、電源を入れたあと約500μ秒の待機時間をとり、8回以上のダミーサイクルを経て、正常に動作するとされています。待機時間はリセット回路がとってくれます。したがって、ウォーミングアップは8回以上のダミーサイクルだけで完了します。

　DRAMは、ただの読み出しでも内部で行単位の読み出しと書き戻しをするので、最低、先頭から1024バイト（128行×8回）を読み出せば規定を満たします。うまい具合に、Z80にはメモリの連続した領域を操作する便利な命令群が追加されています。その中のLDIR命令を使い、やや丁寧すぎるかもしれませんが、念のためにDRAMの全域を読み書きします。

　これでDRAMが動作を始め、変数とスタックが機能します。早速、変数に初期値を与えます。スタートアップルーチンは、端末からSIOへ文字が届いたとき、割り込み処理で読み出し、取り急ぎ、バッファへ保存します。バッファは、未読文字数、読み出し位置、書き込み位置を表す3つの変数で管理されます。最初、これらはすべて0でなければなりません。

　割り込みの動作モードはZ80に独自のモード2を選択します。この場合、割り込み処理の入口となるアドレスを割り込みテーブルに並べておいて、割り込みテーブルの上位アドレスをレジスタIに設定します。下位アドレスは周辺ICが出す割り込みベクタが使われます。したがって、周辺ICが割り込みテーブルから割り込み処理を選択する恰好になります。

```
;
;          SYSTEM INITIALIZE
;          SETUP DRAM AND SIO
;
;          DRAM WARMING UP
SINIT:     LD        HL,RAMTOP        ;HLで転送元の先頭を指定
           LD        DE,RAMTOP        ;DEで転送先の先頭を指定
           LD        BC,RAMSIZ        ;BCで転送バイト数を指定
           LDIR                       ;繰り返し転送を実行
;
;          RECEIVE BUFFER INITIALIZE
           XOR       A                ;Aをクリア
           LD        (RBFCNT),A       ;未読文字数を0に設定
           LD        (RBFRDP),A       ;読み出し位置を先頭に設定
           LD        (RBFWTP),A       ;書き込み位置を先頭に設定
;
;          SETUP INTERRUPT
           IM        2                ;モード2の割り込みを選択
           LD        HL,ITABLE        ;割り込みテーブルのアドレスを取得
           LD        A,H              ;Aを経由して
           LD        I,A              ;Iに上位アドレスを転送
;
;          SIO INITIALIZE
           LD        HL,SIOACD        ;HLで転送元の先頭を指定
           LD        C,PSIOAC         ;CでチャンネルAの制御レジスタを指定
           LD        B,SIOACL         ;Bで転送バイト数を指定
           OTIR                       ;繰り返し転送を実行
           LD        HL,SIOBCD        ;HLで転送元の先頭を指定
           LD        C,PSIOBC         ;CでチャンネルBの制御レジスタを指定
           LD        B,SIOBCL         ;Bで転送バイト数を指定
           OTIR                       ;繰り返し転送を実行
           EI                         ;割り込みを許可
;
;          START BASIC
;
;          Grant Searle's notes:
;          COLD/WARM start no longer offered as an option
;          For the first-time reset after power-up
;          Because COLD is the only valid option.
;
           JP        COLD             ;BASICへ分岐
```

CHAPTER ● 3—BASICの移植

◑スタートアップルーチン（SIO設定部分）

```
;
;           SIOA COMMAND CHAIN        ;チャンネルAのコマンドチェイン
SIOACD: DB       18H                  ;WR0（初期選択）でリセット
        DB       01H,14H              ;WR1で受信割り込みを設定
        DB       04H,44H              ;WR4で通信方式と通信形式を設定
        DB       05H,0EAH             ;WR5で送信許可を設定
        DB       03H,0C1H             ;WR3で受信許可を設定
SIOACL  EQU      $-SIOACD             ;コマンドの数
;
;           SIOB COMMAND CHAIN        ;チャンネルBのコマンドチェイン
SIOBCD: DB       18H                  ;WR0（初期選択）でリセット
        DB       01H,04H              ;WR1で割り込みを無効に設定
        DB       02H                  ;WR2に割り込みベクタを登録
        DB       ITABLE AND 00FFH
SIOBCL  EQU      $-SIOBCD             ;コマンドの数
;
;           INTERRUPT TABLE           ;割り込みテーブル
        ORG (($-1) AND 0FFF0H)+10H
ITABLE: DW       0                    ;チャンネルB送信可は再起動
        DW       0                    ;チャンネルB制御線変化は再起動
        DW       0                    ;チャンネルB受信完了は再起動
        DW       0                    ;チャンネルB通信エラーは再起動
        DW       IGNORE               ;チャンネルA送信可は無視
        DW       IGNORE               ;チャンネルA制御線変化は無視
        DW       INTRCV               ;チャンネルA受信完了はINTRCV
        DW       IGNORE               ;チャンネルA通信エラーは無視
;
;           RETURN FROM INTERRUPT    ;何もしない割り込み処理
IGNORE: EI                            ;割り込み禁止を解除
        RETI                          ;割り込みから戻る
```

　SIOのチャンネルAとBはそれぞれデータレジスタと制御レジスタを1本ずつ備えます。データレジスタは送受信に使います。制御レジスタは初期化の際にコマンドを書き込んで通信のやりかたを設定し、以降は通信の状態を読み出すために使います。チャンネルAとBの働きはほぼ同じですが、割り込みベクタの登録はチャンネルBのみが受け付けます。

チャンネル A ┬ PSIOAD 送信 → データレジスタ → 受信
         └ PSIOAC 通信設定 → 制御レジスタ → 通信状態検出

チャンネル B ┬ PSIOBD 送信 → データレジスタ → 受信
         └ PSIOBC 通信設定 → 制御レジスタ → 通信状態検出

⬆SIOが備えるレジスタの役割

　SIOは多様な通信に対応する分、設定の選択肢が多く、初期化の過程で制御レジスタに十数個のコマンドを書き込むことになります。この書き込みの繰り返しも、Z80に追加されたOTIR命令がうまくやってくれます。コマンドをROMに並べておいて、先頭アドレスと数とSIOのレジスタを指定すれば、あとはOTIR命令が連続的に書き込みを実行します。

　コマンドは簡素な効能をたくさん持つので、マニュアルと実例で理解していただくのが現実的だと思います。SBCZ80のスタートアップルーチンは14個のコマンドでSIOのチャンネルAを次のように設定します。通信方式は非同期、通信形式はデータ長8ビット、パリティなし、1ストップビット、クロックモードはx16、割り込みは受信のみ許可します。

　ひとつ重要なことを補足すると、SIOの割り込みベクタは登録したアドレスの下位4ビットが書き換わります。状態別割り込みベクタが無効なら0H、有効だと割り込み要因により0H～EHです。したがって、割り込みテーブルのほうも下位4ビットが0Hのアドレスから始め、以降、割り込み要因ごとに割り込み処理の入口となるアドレスを並べます。

レジスタ I	登録値	0	0	0	0	チャンネル B 送信可
レジスタ I	登録値	0	0	1	0	チャンネル B 制御線変化
レジスタ I	登録値	0	1	0	0	チャンネル B 受信完了
レジスタ I	登録値	0	1	1	0	チャンネル B 通信エラー
レジスタ I	登録値	1	0	0	0	チャンネル A 送信可
レジスタ I	登録値	1	0	1	0	チャンネル A 制御線変化
レジスタ I	登録値	1	1	0	0	チャンネル A 受信完了
レジスタ I	登録値	1	1	1	0	チャンネル A 通信エラー

⬆状態別割り込みベクタの実効値（数値は2進数）

SBCZ80のスタートアップルーチンは状態別割り込みベクタにより次のとおり反応します。チャンネルAの受信完了は、このあと述べる割り込み処理を呼び出します。制御線変化は不要、通信エラーは起きないことを祈り、いずれも、ただ終了するだけの割り込み処理を呼び出します。それ以外は割り込まない設定なので、もし割り込んだら再起動します。

⊕ 端末からのバッファリング付き1文字入力

　SBCZ80は端末からデータを受信すると、随時、割り込み処理で読み出してバッファに保存します。割り込み処理は状態別割り込みベクタによりチャンネルAの受信完了で呼び出されるため、着信したチャンネルを探したり受信完了を待ったりする必要がなく、ただちに一連の手順を実行できます。したがって、素早く応答し、端末の操作を確実に拾います。

　バッファは割り込み処理によって書き込まれ、通常処理がそれを追い駆ける形で読み出します。読み書きの位置がバッファの末尾に達したら、先頭に戻って循環します。書き込みが続いて読み出しがないと、書き込み位置が一周して読み出し位置に追い付き、上書きする恐れがあります。この状況を防ぐ簡単な対策はないので、ただ単に、以降を読み捨てます。

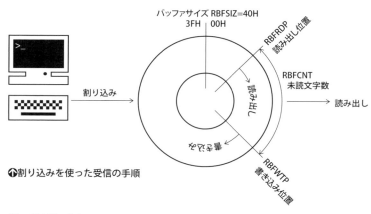

❶割り込みを使った受信の手順

⊕スタートアップルーチン（割り込み処理のバッファリング部分）

```
;
;         INTERRUPT SERVICE ROUTINE
;         SIOA -> BUFFER
;
;         SAVE REGISTERS          ;使用するレジスタの値を退避
INTRCV: PUSH    AF              ;AFをスタックに退避
        PUSH    BC              ;BCをスタックに退避
        PUSH    DE              ;DEをスタックに退避
        PUSH    HL              ;HLをスタックに退避
;
;         RECEIVE DATA            ;データの読み出し
        IN      A,(PSIOAD)      ;SIOからデータを取得
        LD      D,A             ;Dに保存
;
;         CHECK BUFFER FULL       ;バッファの空きを検査
        LD      A,(RBFCNT)      ;バッファの未読文字数を取得
        CP      RBFSIZ          ;バッファのサイズと比較
        JR      Z,INTEXT        ;空きがなければ終了（ギブアップ）
        INC     A               ;未読文字数を増やす
        LD      (RBFCNT),A      ;バッファの未読文字数を更新
;
;         WRITE DATA TO BUFFER    ;バッファへの書き込み
        LD      A,(RBFWTP)      ;バッファの書き込み位置を取得
        LD      C,A             ;書き込み位置をCに転送
        LD      B,00H           ;書き込み位置をBCに拡張
        LD      HL,RECBUF       ;バッファのアドレスをHLに取得
        ADD     HL,BC           ;HLにBCを加算
        LD      (HL),D          ;HLのアドレスに文字を書き込む
        INC     A               ;書き込み位置を増やす
        AND     RBFSIZ-1        ;末尾を超えたら先頭へ戻す
        LD      (RBFWTP),A      ;バッファの書き込み位置を更新
;
;         RESTORE REGISTERS       ;使用したレジスタの値を復帰
INTEXT: POP     HL              ;HLをスタックから復帰
        POP     DE              ;DEをスタックから復帰
        POP     BC              ;BCをスタックから復帰
        POP     AF              ;AFをスタックから復帰
;
;         RETURN FROM INTERRUPT   ;割り込み処理の終了
        EI                      ;割り込み禁止を解除
        RETI                    ;割り込みから戻る
```

161

❷スタートアップルーチン（通常処理のバッファリング部分）

```
;
;           TERMINAL HANDLING ROUTINES
;
;           BUFER -> A              1文字入力
;
;           SAVE REGISTERS          ;使用するレジスタの値を退避
RXA:        PUSH     BC             ;BCをスタックに退避
            PUSH     DE             ;DEをスタックに退避
            PUSH     HL             ;HLをスタックに退避
;
;           WAIT FOR NOT EMPTY      ;バッファに文字が入るまで待つ
RXWAIT:     LD       A,(RBFCNT)     ;バッファの未読文字数を取得
            CP       00H            ;空かどうかを調べる
            JR       Z,RXWAIT       ;空だったら繰り返す
;
;           READ DATA               ;文字の読み出し
            DI                      ;割り込みを禁止
            DEC      A              ;未読文字数を減らす
            LD       (RBFCNT),A     ;バッファの未読文字数を更新
            LD       A,(RBFRDP)     ;バッファの読み出し位置を取得
            LD       C,A            ;読み出し位置をCに転送
            LD       B,00H          ;読み出し位置をBCに拡張
            LD       HL,RECBUF      ;バッファのアドレスをHLに取得
            ADD      HL,BC          ;HLにBCを加算
            LD       D,(HL)         ;HLのアドレスから文字を読み出す
            INC      A              ;読み出し位置を増やす
            AND      RBFSIZ-1       ;末尾を超えたら先頭へ戻す
            LD       (RBFRDP),A     ;バッファの読み出し位置を更新
            LD       A,D            ;Aに文字を転送
            EI                      ;割り込み禁止を解除
;
;           RESTORE REGISTERS       ;使用したレジスタの値を復帰
            POP      HL             ;HLをスタックから復帰
            POP      DE             ;DEをスタックから復帰
            POP      BC             ;BCをスタックから復帰
            RET                     ;サブルーチンから戻る
;
;           CHECK RECEIVE STATUS    ;入力可否検査
KBHIT:      LD       A,(RBFCNT)     ;バッファの未読文字数を取得
            CP       00H            ;空かどうかを調べる
            RET                     ;サブルーチンから戻る
```

通常処理の1文字入力から見ると、文字はバッファに降って湧きます。グラントBASICが1文字入力を要求したとき、もしバッファが空だとしても、繰り返し調べるうちに空でなくなりますから、その時点で読み出します。読み出しの途中でまた文字が降って湧いて未読文字数や読み出し位置を書き換えては困るので、この間は割り込みを禁止しておきます。

　グラントBASICが必要とする働きのひとつ、入力可否検査は、入力をバッファリングした場合、バッファが空かどうかを調べるだけの単純な処理になります。結果はフラグで返します。この処理で使うレジスタAは、通例だと内容をスタックへ退避／復帰して保護するのですが、フラグが一蓮托生になってしまうため、安全を確認した上で放ってあります。

⊕ 端末への1文字出力

　端末からの入力は不意の着信を確実に拾うために割り込み処理が効果を上げますが、端末への出力は通常処理でも大丈夫です。1文字出力は通常処理で実現してSIOの仕組みと戯れます。SIOは通信の状態を制御レジスタに反映しており、そのビット2が1のとき、送信することができます。ビットの検査は、Z80で追加されたBIT命令がやってくれます。

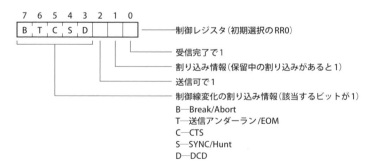

●SIOの制御レジスタから読み出される情報

⬇スタートアップルーチン（1文字出力部分）

```
;
;         A -> SIO                  ;1文字出力
;
;         SAVE  REGISTERS           ;使用するレジスタの値を退避
TXA:      PUSH    AF                ;AFをスタックに退避
;
;         WAIT  FOR  SEND  DONE     ;送信可となるまで待つ
TXWAIT:   IN      A,(PSIOAC)        ;制御レジスタRR0（初期選択）を読み出す
          BIT     2,A               ;送信可かどうかを調べる
          JR      Z,TXWAIT          ;送信可でなかったら繰り返す
;
;         SEND  DATA                ;1文字送信
          POP     AF                ;AFをスタックから復帰
          OUT     (PSIOAD),A        ;A（文字）をデータレジスタへ書き込む
          RET                       ;サブルーチンから戻る
```

　端末へ文字を出力するには、SIOのデータレジスタに文字を書き込みます。通常処理はバッファを介さないので書き込みと出力は同義であり、それはSIOの役割からいって送信にあたります。SIOが文字を送信している期間、制御レジスタのビット2は0になります。送信可を表す1は、SIOが送信を完了し、データレジスタが空になったことを意味します。

⊕ SBCZ80対応グラントBASICの動作確認

　スタートアップルーチンとグラントBASICをひとつのファイルにまとめてソースを完成させます。これをアセンブルするのですが、ザイログの書式に対応した正直なアセンブラは、たいがいMS-DOSの時代に作られていて、現在のOSでは動きません。SBCZ80のソースは、エミュレータの助けを借りて、アークビットのZX80.EXEでアセンブルしました。

●オラクルVirtual BoxにインストールしたWindows XPで実行

●Takeda Toshiya作MS-DOS Playerを使って実行

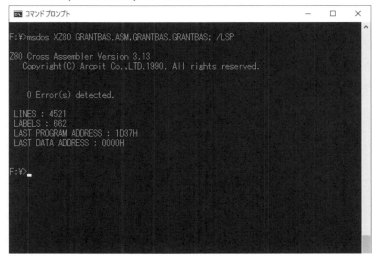

❶アークビットのXZ80.EXEをWindows 10で実行する例

CHAPTER● 3—BASICの移植

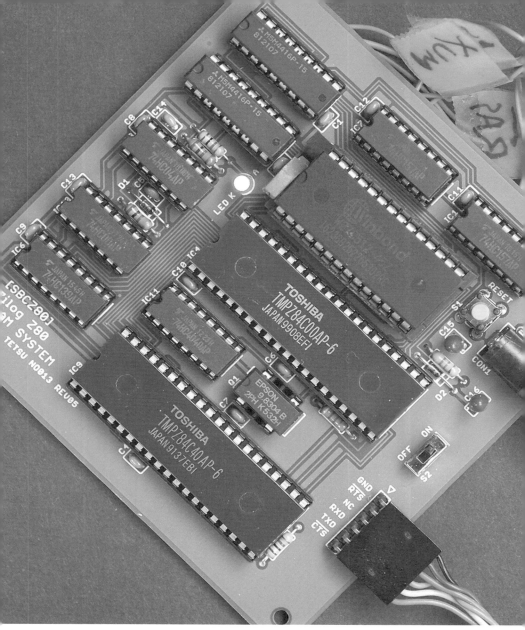

⬆SBCZ80（試作機）を動作確認している様子

アセンブルの結果、機械語はアドレス0000H ～ 1D37Hを占め、サイズが7480バイトになりました。EPROMは容量が8Kバイトの2764を使うとたいへん収まりがいいのですが、実は、幾度となく動作確認に失敗し、修正と書き直しを余儀なくされた関係で、試作機では取り扱いの簡便な64KバイトのEEPROM、ウィンボンドのW27C512を使っています。

SBCZ80は、ROMのICソケットにゼロプレッシャソケットを重ね、波形観測用の電線を纏ったひどい姿でグラントBASICを起動させました。最後の決定的な修正は、DRAMのウォーミングアップをより丁寧にやったことです。規定の「約～」や「～以上」は甘く見ないほうがいいようです。かくして起動メッセージに計算どおりの空き容量が表示されました。

取り急ぎ、長い変数名が使えて浮動小数点計算ができることを確かめました。変数名は先頭の2文字で区別され、以降はダミーですが、現実に、わかりやすい名前を付ける上で制約を感じません。浮動小数点計算は、普通に書いた数式でもユーザー定義関数でもさらりと実行され、念のために電卓で検算したところ、精度6桁の範囲で正しい答を出しています。

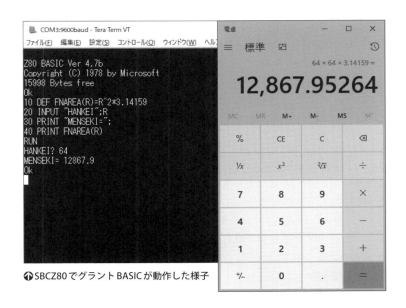

↑SBCZ80でグラントBASICが動作した様子

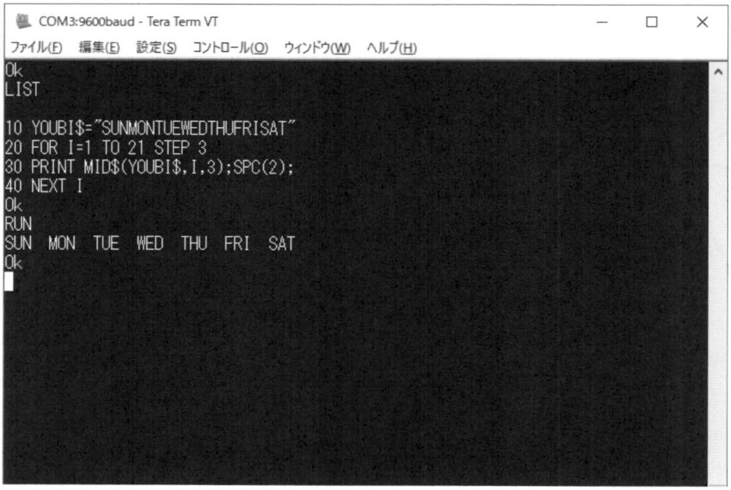

❶グラント BASIC で文字列の処理を試した例

　その後、文字列の処理、多次元配列、メモリの読み書き、入出力など主
要な機能を試し、ひととおり正常に動作することを確認しました。これ
で、SBCZ80を完成とします。10cm四方のプリント基板に乗った回路を
パソコンと呼んだら大袈裟ですが、実際、Z80でBASICが動いており、初
期のパソコンを使った経験がある人には懐かしい操作性だと思います。

⊕ マイクロソフトが敬遠したZ80の独自命令

　Z80の命令体系が8080の上位互換となっていることは、長い目で見る
と、必ずしも利点ばかりではありません。8080の命令だけでそれなりに
動くため、Z80の独自命令があまり使われず、真価を発揮しない事例が多
数あったようです。たとえば、Z80用のマイクロソフトBASICは8080用
のAltair BASICをほぼそのまま流用しているとする噂話があります。

真相を確かめるため、ナスコの機関誌『80-BUS NEWS』でマイクロソフト BASIC のソースを丹念に調べました。その結果、9か所に Z80 の独自命令が見付かりました。ですから、8080 用のプログラムを丸ごと流用してはいません。しかし、Z80 の真価を引き出そうとする意欲までは感じられないので、ほぼそのまま流用しているとする噂話は事実といえます。

　Z80 の独自命令のうち6か所は、Z80 に追加されたレジスタ IX と IY を取り扱います。本来、IX と IY はアドレスのインデックス指定で持ち味を発揮するのですが、Nascom2 では、モニタへ情報を渡す、ただの入れ物です。ちなみに、モニタが存在しないグラント BASIC は、これらの処理を無視、または削除しています。SBCZ80 では、完全に削除しました。

　一方、Z80 の独自命令が効果的に使われている部分も3か所あります。ひとつは ADC 命令によるレジスタ HL と DE の桁上がり加算で、8080 だと6命令に相当します。あとのふたつは LD 命令によるレジスタ DE からメモリへの転送で、こちらは連続しているため、まとめて効率よく 8080 の命令に置き換えることができますが、それでも6命令を費やします。

　興味深いことに、Z80 の独自命令が効果的に使われているのは、いずれも LINES 文に関与する処理です。LINES 文は、Nascom2 のために、あとから追加されたと見るのが合理的な推測です。もしナスコが要望しなければ、前述のレジスタ IX と IY を使う処理ともども、取り入れられることがなく、それこそ Altair BASIC がそのまま流用されたかもしれません。

アドレス	Z80独自命令		Z80独自機能	グラントBASICの対応
E004	LD	IX,0	定数→IX転送	△継承しているが無効
E74E	ADC	HL,DE	DE+HL桁上がり加算	○継承
FECC	PUSH	IX	IX→スタック退避	×削除
FDB3	LD	(LINESC),DE	DE→メモリ転送	○継承
FDB7	LD	(LINESN),DE	DE→メモリ転送	○継承
FDDF	LD	IX,-1	定数→IX転送	△継承しているが無効
FF2F	POP	IY	スタック→IY復帰	×削除
FF4C/FF88	PUSH	IY	IY→スタック退避	×削除

⬆Nascom2のマイクロソフト BASIC に使われている Z80 の独自命令

⊕ Z80の独自命令を8080の命令に書き戻す実験

　LINES文はグラントBASICに受け継がれています。念のため、グラント BASICを8080のコンピュータへ移植して、書き戻した8080の命令で LINES文を動かしてみます。うまく動いた時点で書き戻しが成功したことになり、次の効果が証明されます。Z80の独自命令は、プログラムの手順を簡素化し、サイズを縮め、たいていの場合、いくぶん高速化します。

● 8080のADC命令でHLとDEを桁上がり付き加算（実態は減算）する手順

```
COUNT:  PUSH    HL                  ;HLの値をスタックへ退避
        PUSH    DE                  ;DEの値をスタックへ退避
        LD      HL,(LINESC)         ;HLにメモリの値を転送
        LD      DE,-1               ;DEに-1を転送
;       ADC     HL,DE               ;Z80独自命令をコメントアウト
        LD      A,E                 ;置換：AにEの値を転送
        ADC     A,L                 ;置換：AにLの値を桁上がり付き加算
        LD      L,A                 ;置換：LにAの値を書き戻す
        LD      A,D                 ;置換：AにDの値を転送
        ADC     A,H                 ;置換：AにHの値を桁上がり付き加算
        LD      H,A                 ;置換：HにAの値を書き戻す
;
        LD      (LINESC),HL         ;HLの値をメモリに書き戻す
```

● 8080のLD命令でレジスタDEの値をメモリに転送する手順

```
LINES:  CALL    GETNUM              ;LINES文の引数をDEに取得
        CALL    DEINT               ;DEの値を符号付き整数に変換
;       LD      (LINESC),DE         ;Z80独自命令をコメントアウト
;       LD      (LINESN),DE         ;Z80独自命令をコメントアウト
        PUSH    HL                  ;置換：HLの値をスタックへ退避
        PUSH    DE                  ;置換：DEの値をスタックへ送り
        POP     HL                  ;置換：スタックの値をHLへ戻す
        LD      (LINESC),HL         ;置換：HLの値をメモリへ転送
        LD      (LINESN),HL         ;置換：HLの値をメモリへ転送
        POP     HL                  ;置換：HLの値をスタックから復帰
        RET                         ;サブルーチンから戻る
```

⬆Nascom2のマイクロソフトBASICを8080の命令で書き直した例

⬆SBC8080の外観（CPUボードとサブボートが2段重ねで動作します）

　この試みで使った8080のコンピュータはSBC8080です。SBC8080は
拙著『インテル8080伝説』（ラトルズ刊）の内容を検証するために製作し
たもので、すでに技術資料を公開し、プリント基板を頒布しています。グ
ラントBASICのソース、MSBAS80.asmもSBC8080データパックに含ま
れます。SBC8080の詳細は本書のサポートページでご案内しています。

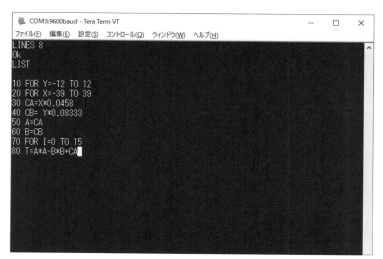

```
COM3:9600baud - Tera Term VT                                    —    □    ×
ファイル(F)  編集(E)  設定(S)  コントロール(O)  ウィンドウ(W)  ヘルプ(H)
LINES 8
Ok
LIST

10 FOR Y=-12 TO 12
20 FOR X=-39 TO 39
30 CA=X*0.0458
40 CB= Y*0.08333
50 A=CA
60 B=CB
70 FOR I=0 TO 15
80 T=A*A-B*B+CA
```

⬆ SBC8080のグラントBASICでLINES文の働きを試した例

　LINES文は、リストの長い表示が画面を行き過ぎないように、指定の行数で停止させます。たとえば引数が8だと、8行ごとに停止し、何らかの入力を待って継続します。SBC8080のグラントBASICは、期待どおり、LINES文を動かしました。その結果、LINES文に関与していたZ80の独自命令は、8080だと長くて回りくどい命令になることがわかりました。

　Z80で動いた過去のプログラムを観察すると、当初は8080のプログラムを丸ごと流用した例が多く、徐々に独自命令の割合が増えていきます。現在に至っては、もはやそうした区別そのものを意識していないようです。Z80の独自命令は、使いかたによってはプログラムの実行効率を下げるのですが、少なくともマニアは、たいがい自由気ままにやっています。

伝説の系譜

1 日本のパソコン

⊕ 日本の各社がZ80でパソコン市場に参入

　記録を辿ると、日本で最初のパソコンは日立家電販売が1978年9月に発売したベーシックマスターです。マイクロプロセッサは日立製作所が製造した6800の同等品でした。ベーシックマスターは、翌年2月、BASICを強化した同レベル2と置き換わります。同レベル2は、既存のICソケットを利用してROMを増やしたものであり、事実上、同一の製品です。

　日本で2番めのパソコンは日本電気が1979年9月に発売したPC-8001になります。マイクロプロセッサは自社で製造したZ80の同等品でした。PC-8001は日本で最初に勢いよく売れたパソコンと言い換えることができます。同社の社史は、発売から3年で約25万台を出荷したと記しています。このときからずっと、同社はパソコンのシェアで首位を続けます。

　日本で3番めのパソコンはシャープが同年10月に発売したMZ-80Cで、マイクロプロセッサは、やはり自社で製造したZ80の同等品でした。MZ-80Cも納品まで長く待たされる人気だったので、以降しばらく、日本のパソコンはZ80を採用します。ベーシックマスター／同レベル2は、現役の期間を通じ、Z80を採用していない唯一のパソコンとなりました。

　Z80が日本で果たした最大の功績は、パソコンの発売を躊躇していた各社に新規参入を決断させたことでしょう。たとえば、ソード、ソニー、カシオ、三洋電機、東芝、セガなどが、第1弾の製品をZ80で作っています。やがて、雑誌の広告は大半をZ80のパソコンが占めます。その中で埋もれてしまわないように、各社が工夫を凝らし、個性化が進みました。

⬆PC-8001本体とPC-8041モノクロディスプレイ

175

アメリカでZ80と人気を二分したモステクノロジーの6502は、意外にも、日本のパソコンにまったく採用されていません。かわって、アップルのApple IIやコモドールのPET 2001が輸入され、平均的なパソコンより値が張る、高級機の位置づけで販売されました。おかげで安さが身上の6502まで謎の風格を纏い、部品店でZ80を上回る高値が付きました。

⊕ PC-8001のマイクロプロセッサ

　PC-8001が売れた理由は、偶然や幸運ではありません。日本電気は過去3年に渡り、8080のトレーニングキット、TK-80を電気街に流し、サービスセンター、Bit-INNでサポートに努めました。PC-8001は、そうして育てたマニアの需要を確信して発売されたものです。この経緯はシャープも類似し、いちかばちかで家庭向きを狙った日立家電販売と対照的です。

　本体の形状や配色は、よく電子計算機室で見掛ける端末のキーボードにならいました。ROMは事情通の憧れだったマイクロソフトBASICを持っています。そして、内部に話題性の高いICが並びます。それは、設計を担当したのが情報処理事業部ではなく電子デバイス事業部で、当時、日本電気が世界3位の半導体メーカーだったからこそできたことです。

　PC-8001のマイクロプロセッサはZ80の同等品、μPD780で、クロックは当時の最速となる4MHzです。実機に取り付けられたμPD780は製造時期を表す英数字が独特の形式で印刷されており、PC-8001のために製造、選別されたことがわかります。PC-8001の関係者は、尋ねられれば予想を超えて売れたといいますが、案外、計画的に生産されたようです。

　PC-8001のμPD780は当時の雑誌で、たびたび「DMAやウェイトに時間をとられて実力どおりの速度が出ていない」と解説されました。紛れもない事実ですが、高速なマイクロプロセッサを見慣れていない時代の、やや一面的な評価です。DMAは表示回路を劇的に簡素化していますし、ウェイトは安価で低速なメモリを無難に動かすための常套手段です。

⬆PC-8001のマイクロプロセッサ周辺

SINGLE CHIP 8-BIT MICROPROCESSOR μPDZ-80

FEATURES

- 158 Instructions (Including all 78 Instructions of the 8080A)
- 17 Internal Register
- Three Modes of Fast Interrupt Response and a Non-Maskable Interrupt
- Direct Interface with Standard Speed Dynamic or Static Memories
- 1.6 μs Instruction Execution Time
- Single +5V Supply
- Single-Phase TTL Clock
- TTL Compatible Tri-State Address and Data Busses

PIN CONFIGURATION

A11	1	40	A10
A12	2	39	A9
A13	3	38	A8
A14	4	37	A7
A15	5	36	A6
6	6	35	A5
D4	7	34	A4
D3	8	33	A3
D5	9	32	A2
D6	10	31	A1
+5V	11	30	A0
D2	12	29	GND
D7	13	28	RFSH
D0	14	27	M1
D1	15	26	RESET
INT	16	25	BUSRQ
NMI	17	24	WAIT
HALT	18	23	BUSAK
MREQ	19	22	WR
IORQ	20	21	RD

(center: μPD Z-80)

❷NECマイクロコンピューターズのカタログに掲載されたμPDZ-80

　ちなみに、日本電気のアメリカ法人は1977年発行のカタログで暫定仕様のμPDZ-80を紹介しています。これは、勇み足で表沙汰にしてしまったμPD780の原型だと思われます。そのため、マニアの間では原型の型番「Z-80」が本番で字ヅラの近い「780」になったと語られることがあります。真偽を調べたところ、どうやら入門者を歓迎する冗談のようです。

⊕ PC-8001 の表示回路

　日本電気はインテルの熱烈な新派で、すでに8080や8085と主要な周辺ICを製造していました。そんな状況でZ80を製造したことがむしろ不思議であって、Z80の周辺ICまでは製造していません。PC-8001ではZ80にインテルの周辺ICや独自に開発した8080バス互換の周辺ICを組み合わせました。Z80は「DRAMをつなぎやすい8080」として動いています。

　表示回路は、当初、インテルの8275で作ろうとしたようです。しかし、日本電気は8275を製造しないで、ほぼ同じ構造を持ち、さらにカラー表示ができるμPD3301を開発していました。まだ完成していませんでしたが、PC-8001の発売には間に合う見込みがあり、価格や供給に融通が利きそうでした。そんな事情で、出来たてのμPD3301が採用されました。

⬆PC-8001の表示回路に採用されたμPD3301

179

μPD3301は普通のメモリから、随時、表示データ（文字と属性）を受け取って表示します。表示データの転送は8257（日本電気のμPD8257）が、ディスプレイの帰線期間を狙ってDMAで実行します。そのため、表示専用メモリがいりませんし、表示データの読み書きがぶつからないように調停する必要もなく、ごく少数の部品で目的の機能が成立します。

　問題は、表示している期間（普通に使用していればいつも）、定期的にDMAが入ってZ80が停止することです。DMAは入出力アドレスの81Hに0を書くと無効、33を書くと有効です。試しにDMAを無効にしてみると、表示が消えて、速度が30%ほど向上しました。PC-8001は、いわば、速度の30%減と引き換えに表示回路の製造原価を下げているわけです。

⊕ PC-8001のカセットテープとシリアル

　PC-8001はカセットテープとシリアルのインタフェースを8251（日本電気のμPD8251）で兼用しています。当時のパソコンが重視したのはカセットテープのほうで、周囲に高価な部品を使い、ケースの背面にケーブルをつなぐ端子を出しています。シリアルは不便きわまりなく、せっかく8251を乗せたのだからいちおう使えるようにしたという感じです。

　カセットテープは何だかんだで数十万円するフロッピーディスクが高すぎると感じる人の簡易的な外部記憶装置です。N-BASICはプログラムをCSAVE命令で保存し、CLOAD命令で読み出します。音声変換はFSK方式、転送速度は600ビット／秒です。転送中はリレーがオンになるので、リモート端子付きのテープレコーダで、ささやかな走行制御ができます。

　一方、N-BASICでシリアルを取り扱う方法はPC-8001を端末として動かすTERM文に限られます。TERM文は通信速度を指定できず、標準が300ビット／秒、強いていえばクロックモードの指定やジャンパの挿し替えで150ビット／秒か75ビット／秒に切り替わります。8251は機械語で動かすと最速4800ビット／秒が出るので、大きな制約が掛かっています。

●PC-8001のカセットテープ関連機能を構成する8251と周辺の部品

CHAPTER●1─日本のパソコン

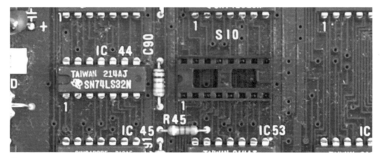

↑PC-8001のマザーボードにあるシリアルの端子 (SIO)

シリアルの端子はマザーボードの中央付近にあるICソケットです。確かに「SIO」と書かれていますが、部品番号S10のICを挿し忘れたように見えます。別売りのRS-232Cケーブルユニットはケースを開けて接続しなければなりません。ケーブルを外部へ引き出す穴もないので、あらかじめ適当な隙間を見付けておかないと、ケースを閉めるときに困ります。

シリアルがおざなりにされた理由は端末を担当していた他部署に遠慮したからだとされます。もっとも、現実に反応したのは従来型コンピュータで日本電気と競合する他社でした。富士通と三菱電機は得意先の電子計算機室で端末として働くPC-8001を見て本体の注文まで奪われることを恐れ、いったんはやらないと決めたパソコンの開発に乗り出しました。

⊕ PC-8001のメモリとBASIC

PC-8001のメモリは、アドレスの前半がROM領域、後半がRAM領域となっています。ROM領域は日本電気のマスクROM、μPD2364×3個（24Kバイト）と1個の増設用ICソケット（8Kバイト分）で構成されます。RAM領域は4116と総称されるDRAMのひとつ、μPD416×8個（16Kバイト）と8個の増設用ICソケット（16Kバイト分）で構成されます。

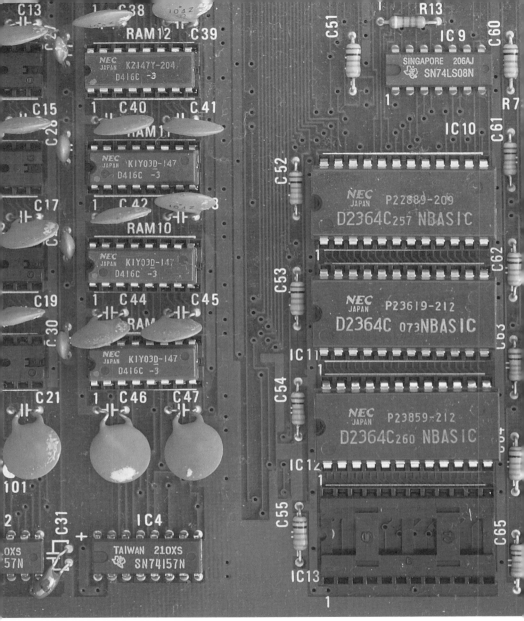

❶PC-8001のμPD2364（ROM）とμPD416（DRAM）

183

μPD2364は、日本電気がN-BASICと呼ぶ、マイクロソフトBASICを保持しています。N-BASICは立ち上がりでROM領域の増設用ICソケットを読み、もし先頭が「AB」だったら後ろのプログラムを実行します。続いて、RAM領域の書き込みテストを実行し、容量を把握します。すなわち、ROMとRAMの実装状況を自動的に調べて動作を開始します。

Z80を4MHzで動かす場合、メモリはアクセスタイムが375n秒以下でなければなりません。μPD2364のアクセスタイムは450n秒なので、ウェイトを入れて読み出します。μPD416はアクセスタイムが150n秒の選別品で、十分な速度がありますが、ここにプログラムを読み込んで実行するときに限り、命令の読み出しだけ、念のためにウェイトを入れます。

Z80の特徴のひとつ、DRAMにリフレッシュを促す働きはμPD416の制御回路に利用されています。もうひとつの特徴、モード2の割り込みはインテルの周辺ICを採用したことで難しくなりました。それは、別売りの拡張ユニット、PC-8011が、8214（日本電気のμPB8214）で実現しています。PC-8001の本体は、モード2どころか一切の割り込みをやりません。

⊕ PC-8001のBASICを巡る出来事

日本電気はPC-8001の発売後、技術情報を積極的に開示しました。その結果、いわゆるサードパーティーからさまざまな周辺装置が登場し、純正品の隙間を埋めました。雑誌の誌面は読者から投稿されたゲームソフトの力作で埋まりました。しかし、もう一歩、踏み込むために必要となるマイクロソフトBASICの情報は、契約上、開示されませんでした。

マイクロソフトはAltair BASICからずっと、その成り立ちに関する情報を秘匿し、法的な効力はともかく逆アセンブルまで禁止してきました。ですから日本電気は、そもそも一切の情報を持っていなかったのです。ちなみに、同社は後継機のN88-BASICを自社で作る際、互換性をとるためにソースを要求しましたが、マイクロソフトに拒否されています。

マイクロソフトの方針は、パソコンのメーカーへ売り切る契約に変えたとき、小さな穴が開きました。同社の意向に縛られるのは、直接的にはパソコンのメーカーで、ユーザーの立場は微妙です。このような状況のもと、秀和が独自に解析したN-BASICのコメント付き逆アセンブルリスト『PC-8001 BASIC SOURCE PROGRAM LISTINGS』を出版しました。

　マイクロソフトは当該の書籍に対し、出版の差し止めを求めて訴訟を起こしました。同社の不満は、本音をいえば秘密をバラされたからでしょうが、手続き上、原稿（プログラム）を許可なく掲載したこととされました。また、損害賠償は訴訟の直前に取り下げられています。同社は日本電気から対価を受け取っており、損害を算出し辛かったものと思われます。

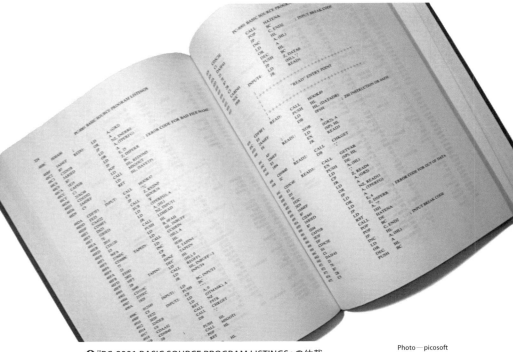

⬆『PC-8001 BASIC SOURCE PROGRAM LISTINGS』の体裁

Photo—picosoft

判決は大岡裁きとなりました。販売の差し止めと在庫の廃棄が命じられ、その点はマイクロソフトの主張どおりです。しかし、当該の書籍は完売しており、秀和の負担は訴訟費用だけでした。また、逆アセンブルそのものはパソコンを活用するための正当な行為とされ、以降、N-BASICの解説書が続々と出版されたので、ユーザーにも恩恵がありました。

この出来事は、もうひとつ、マニアに愉快な話題を提供しました。マイクロソフトは機械語の逆アセンブルがソースを忠実に再現すると証明するために同社が持つソースの一部を裁判所へ提出しました。裁判所は当時の慣例にしたがい、判決でそれを縦書きにしました。アセンブリ言語のソースを縦書きにした公文書は、あとにも先にもこれだけです。

⊕ Z80をパソコンの主流に押し上げたMZ-80C

シャープがパソコンを発売した経緯は日本電気とよく似ています。同社はZ80の同等品、LH0080の製造を始めたばかりで、部品事業部が市場の拡大に努めていました。その熱意が行き過ぎてつい完成してしまったMZ-80Kは、1978年12月、電卓事業部に忖度して半完成品の形で発売したので、定義上、Z80を使った日本で最初のパソコンになり損ねました。

完成品のパソコン、MZ-80Cは、基本的な設計がMZ-80Kと同じです。本体にディスプレイとキーボード、さらにカセットテープまで組み込んだスタイルはコモドールのPET 2001にならったとされますが、MZ-80Cの場合、そうなるべき理由がありました。ROMにはモニタだけを持ち、BASICはカセットテープからDRAMへ読み込んで動かすためです。

当時、DRAMの価格はマスクROMの数倍したので、シャープのやりかただと製造原価が高くつきます。そのかわり、BASICに何かしらの問題が見付かったとき、マスクROMを作り直すよりはカセットテープを交換するほうが安上がりです。標準のBASICはシャープが開発したもので、市場での実績が少なく、最悪の事態を想定する必要があったのです。

MZ-80CのZ80は最高2.5MHzで動きますが、低速なメモリをウェイトなしで読み書きするために2MHzで動いています。表示データは表示用メモリで取り扱い、Z80が書き込んで表示回路が読み出します。読み書きの競合は、必要に応じ、プログラムで調停します。調停しないと、表示がチラつくかわりに4MHzのZ80を使ったPC-8001に迫る速度が出ます。

　シャープはザイログと良好な関係にあり、ゆくゆくZ80の周辺ICを製造しますが、MZ-80Cには間に合っていません。Z80はインテルの周辺ICと組み合わせて使われ、割り込みが必要な場合はモード1で対応します。サウンドとタイマは8253、キーボードやカセットテープなどは8255が受け持ちます。表示回路は少数のTTLで見事に組み立てられています。

⬆シャープMZ-80Cの外観

187

技術情報は実用上十分な分量が同梱のマニュアルに掲載されました。マニュアルに収まらない全回路図などは出版社に働き掛けて書籍や雑誌で公開してもらいました。これらをもとにマニアが改造やゲームソフトの開発を楽しみました。PC-8001に見られなかった現象は標準のBASICにかわる製品が発売されたことで、代表例がハドソンのHu-BASICです。

MZ-80Cの販売台数は公表されていませんが、後継機のMZ-80K2がシリーズ累計10万台を達成していることから、単体では約6万台と推定されます。製品の組み立てに不慣れな部品事業部が押っ取り刀で設置した製造ラインは、その数量が精一杯でした。シャープはパソコン事業部を新設し、部品事業部でパソコンを担当していた部署を取り込みました。

⊕ Z80の製品寿命を引き延ばしたMSX

1980年代初旬の段階でパソコンを販売する日本のメーカーは20社に及びました。マイクロプロセッサは日立家電販売と富士通がモトローラの6809、あとはすべてザイログのZ80です。富士通は後発ながら技術的な見どころを満載したパソコン、FMシリーズを発売して評判をとり、先行した日本電気とシャープの人気に追い付いて3強を構成しました。

一方、4番手以下のメーカーはサードパーティーの協力が得られず、勢いを欠きました。しだいに3強との格差が広がりつつあった1983年、アスキーがパソコンの共通規格、MSXを提案しました。Z80とマイクロソフトのMSX-BASICを組み合わせた基本構成は無難で受け入れやすく、受け入れれば3強と肩を並べる勢力に仲間入りすることができます。

アスキーはパソコン雑誌の出版社であるとともにマイクロソフトの代理店も務めていて業界に顔が利きました。同社はまず、強力な販売網を持つ松下電器とソニーを説得して先陣を切る約束を取り付けました。これを契機に、日本の名だたる家電メーカーが続きます。MSXは世界に門戸を開きましたが、こうした経緯から、大半が日本で製造されています。

◉松下電器 CF2000

◉ソニー HB-55

◉日立家電販売 MB-H1

◉三洋電機 WAVY MPC-10

◉三菱電機 ML-8000

◉ヤマハ YIS303/ビクター HC-5（ロゴ以外共通）

◉東芝 PASOPIA-IQ

◉富士通 FM-X

⬆1983年12月までに発売されたMSXの第1弾（各社の広告から転載）

189

⬆テキサスインスツルメンツのTMS9918

　MSXの表示用ICはテキサスインスツルメンツのTMS9918または同等品です。TMS9918はごく少数の外付け部品でカラーのコンポジット映像信号を出力し、製品の低価格化に貢献しました。解像度はテレビ向きの256画素×192画素にとどまりますが、描画能力に優れ、文字、スプライト（移動可能な画像の小片）、背景を個別に取り扱うことができます。

　これに加えてサウンド用ICがあり、明らかに面白いゲームソフトの登場を期待していることがわかります。サウンド用ICはゼネラルインスツルメンツ（現在のマイクロチップテクノロジー）のAY-3-8910または同等品です。AY-3-8910は3系統の音階と効果音を同時に出力します。また、汎用のポートを持ち、それでジョイスティックの操作を読み取ります。

⬆マイクロチップテクノロジーのAY-3-8910

MSX-BASICは古典的なマイクロソフトBASICに文や関数を追加してMSXに固有のハードウェアを拾い上げたものです。追加された興味深い機能は割り込みで、ジョイスティックの操作やスプライトの衝突などにより、あらかじめ用意したサブルーチンを呼び出します。おかげで、アセンブリ言語を使わなくても滑らかに動くゲームが完成します。

MSXに対する3強の反応は冷たく、日本電気は無関心、シャープと富士通は1機種だけを発売して撤収しました。ですから、パソコンの市場は4強となりました。MSXの狙いは入門者でしたが、加えてマニアの「2台め需要」を取り込んだので、1986年、各社合計の製造台数が単独で首位の日本電気と並びました。この盛り上がりが1990年ころまで続きます。

現在、Z80が好きな人の間でMSXはよく話題にのぼります。たとえば、古い資料と部品を集めて実物を組み立てたり、エミュレータを作って往年のゲームソフトを動かしたり、ジャンクを買って修理したりする様子がネットで散見されます。もはや実用性を期待されない1980年代のパソコンで、独特な表示やサウンドの面白さは、確かに興味をそそられます。

MSXは製造台数の3割強が輸出されたので、海外に愛好者が多いのも特徴です。とりわけ、有力な競合製品が少なかった、オランダ、スペイン、ブラジル、キューバ、クウェート、韓国で普及し、今もって実物を所有している人がいます。ネットが国境を取り払って以降、彼らは日本の愛好者に各国語仕様の本体やゲームソフトを見せびらかしています。

時系列を整理すると、MSXが登場した時点で、インテルの8086を採用した16ビットのパソコンがもう存在しました。日本電気のPC-9801、三菱電機のMULTI 16、東芝のPASOPIA 16などです。そんな状況で、Z80を中心に据えた共通規格が提案され、それなりの賛同を得た事実は、Z80が時代とともに役割を変えながら長く愛され続けたことを物語ります。

2 | Z8000の誕生

[第3章]
伝説の系譜

⊕ Z80とオーバーラップして開発が始まったZ8000

　ザイログはZ80の開発を終えた時点で11人しかいない人員をうまく
遣り繰りして910人のインテルや3万人のモトローラと競争する必要が
ありました。そのため、Z80の実物が出来上がるのを待たずに次の製品、
Z8000の構想を掲げ、人員を切れ目なく移行させました。Z8000の開発
は、いわば苦し紛れの産物として、比較的早い時期に開始されています。

　当時、従来型コンピュータは文字どおりの計算機と、計算専用回路が
ないけれどプログラムで計算ほかたいていのことができるプログラムド
データプロセッサに分化していました。プログラムドデータプロセッサ
の代表例は、その頭文字を冠したDECのPDPシリーズです。ただし、そ
れは用語として定着せず、やがてミニコンと呼ばれることになります。

　電卓用ICから進化を続けたマイクロプロセッサは、いよいよミニコン
のCPUに仲間入りする頃合でした。1976年3月、上層部の会議でその実
現を目指す方針が決定されました。うまくいけば、従来型コンピュータ
の底辺と肩を並べるコンピュータが作れます。目標が高すぎると主張す
る者がいましたが、薔薇色の将来を夢見る意見に押し切られました。

　曲がりなりにも従来型コンピュータの一画へ食い込むには、ただ速く
動いて大きなメモリがつながるだけでは足りません。たとえば、UNIXを
動かす想定だと、最低、プログラムの権限を区別する構造が求められま
す。ザイログの人員では、そのあたりを踏まえて合理的な命令体系を作
ることができなかったので、新しくバーナード・プートが招かれました。

⬆ザイログが1983年に出稿したZ8000ファミリーの広告

CHAPTER●2─Z8000の誕生

バーナード・プートはフランスで生まれました。パリの技術大学でコンピュータの基礎を学び、アメリカへ渡ってカリフォルニア大学バークレー校大学院でコンピュータサイエンスの博士号を取得しました。最初に勤務したのはアムダールです。同社はIBM System/360と同370の互換機を製造しており、現場で最先端の構造に触れることができました。

彼はその経験に基づき、ザイログでZ8000の命令体系を作る仕事に取り組みました。理想の命令体系は応用分野によって異なるため、まず上層部と打ち合わせてZ8000の位置づけを確定しようとしました。ところが、上層部は漠然とした構想しか持たず、議論を掘り下げると、ひとりひとり思い描く姿が違いました。止むを得ず、彼は独断で仕事を進めます。

16ビットのマイクロプロセッサとすることは、唯一、上層部の意見が一致していました。漏れ聞こえるインテルの新製品、8086は、ただそれだけの構造でした。彼はその上を目指し、UNIXが動く想定を加えました。Z80の命令を実行することは、思い悩んだあげく、きっぱり諦めました。1976年7月、彼にとって、ほぼ満足のいく命令体系が出来上がりました。

⊕ 論理設計の段階で命令体系が迷走

バーナード・プートがZ8000に取り組んでいる期間、嶋正利はZ80の周辺ICを仕上げていました。ザイログの目論見では、バーナード・プートが完璧な命令体系を作るから、あとは、嶋正利の手が空き次第、とんとん拍子に進むはずでした。実際は、そうもいきませんでした。嶋正利の言葉を借りれば、命令の仕様書が実現性を考慮していなかったからです。

バーナード・プートが雑な仕事をしたわけではありません。彼は、ほしい命令の一覧表を作っておけば、ややこしいところはマイクロコード（ICの内部で実行する原始的なプログラム）で実装できると考えていました。IBMのコンピュータがそうなので、アムダールでは普通のことでした。しかし、Z8000だとそれを1片のダイで実現しなければなりません。

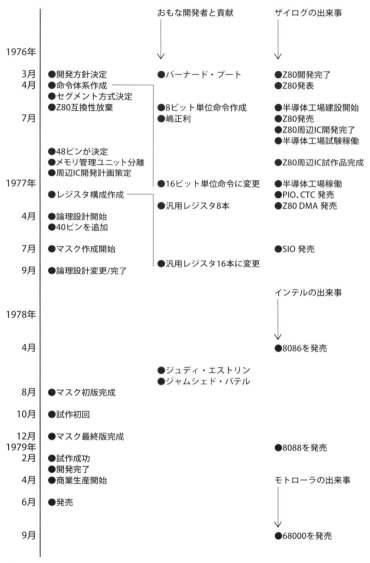

おもな開発者と貢献　　　　ザイログの出来事

1976年		
3月	●開発方針決定	●バーナード・プート	●Z80開発完了
4月	●命令体系作成		●Z80発表
	●セグメント方式決定		
	●Z80互換性放棄	●8ビット単位命令作成	●半導体工場建設開始
7月		●嶋正利	●Z80発売
			●Z80周辺IC開発完了
			●半導体工場試験稼働
	●48ピンが決定		
	●メモリ管理ユニット分離		●Z80周辺IC試作品完成
	●周辺IC開発計画策定		
1977年		●16ビット単位命令に変更	●半導体工場稼働
	●レジスタ構成作成		●PIO、CTC 発売
		●汎用レジスタ8本	●Z80 DMA 発売
4月	●論理設計開始		
	●40ピンを追加		
7月	●マスク作成開始		●SIO 発売
		●汎用レジスタ16本に変更	
9月	●論理設計変更/完了		

インテルの出来事

1978年		
4月			●8086を発売
		●ジュディ・エストリン	
		●ジャムシェド・パテル	
8月	●マスク初版完成		
10月	●試作初回		
12月	●マスク最終版完成		
1979年			●8088を発売
2月	●試作成功		
	●開発完了		
4月	●商業生産開始		モトローラの出来事
6月	●発売		
9月			●68000を発売

⬆Z8000の開発スケジュールと関連の出来事

ザイログは自前の半導体工場が稼働を始めたばかりであり、製造設備の能力を控えめに見積もる必要がありました。嶋正利は、速度が低下しがちなマイクロコードを使わず、全部の命令を論理回路（ハードワイヤードロジック）で実装するつもりでした。バーナード・プートの命令体系は、そういうやりかただと盛大な無駄や重複を生じる懸念がありました。

　バーナード・プートと嶋正利は、本来なら論理設計へ移る段階で、振り出しに戻って命令体系を見直しました。ふたりは依って立つ経験の違いから、しばしば喧嘩腰の激論を交わしました。Z8000は、それぞれが得意とする領域の境界線上に位置します。意見の対立は、マイクロプロセッサが未知の世界へ踏み出すときに避けることのできない痛みでした。

　この混乱を収束へ向かわせたのは、インテルが製造技術を上げて集積度と速度を20％ほど向上させたとする情報でした。ザイログは、仮に自前の半導体工場がうまく稼働したとしても、ありきたりのやりかたでは太刀打ちできそうにありませんでした。上層部は現場を熟知した嶋正利の対抗策に期待し、バーナード・プートもその判断を受け入れました。

　UNIXが動くことを想定した16ビットのマイクロプロセッサという大枠は維持されました。加えて、予想されるインテルの8086に対し、20％小さな回路と20％低いクロックで同等の性能を出す目標が立てられました。無茶な話ですが、実現すれば現状の製造設備でインテルと互角に闘えますし、将来は製造技術の向上によって追い抜くことができます。

⊕ セグメント版にノンセグメント版のパッドを追加

　命令体系の原案はプログラムのりサイズを縮めるために命令を8ビット単位で定義していました。これは、簡単な回路で速度が出る16ビット単位に再定義されました。新しい命令体系がまとまったのは予定を半年過ぎた1977年1月です。工程が進んでから大事にならないように、あと少し、製造設備の性能を念頭に置いた詰めの作業が行われました。

●Z8000のダイ（Z8001/Z8002共通）

Photo—Pauli Rautakorpi

　1977年4月、論理設計が始まりました。バスの構造は、Z80の周辺ICが使い難くなることを厭わずZ8000に最適化し、かわりに専用の周辺ICを開発計画に加えました。メモリのアドレスは7ビットのセグメント番号と16ビットのオフセットで構成し、容量は8Mバイト、専用のメモリ管理ユニットを使うと保護付きの論理メモリで16Mバイトになります。

　Z8000が実像を現すにつれ、横槍も多くなりました。販売を担当する部署は、Z80より高速なら、メモリの容量をあまり頑張らなくても需要があると主張しました。確かに、頭から否定できない面がありました。そのため、ダイにひとつ余計なパッドを仕込み、ボンディングオプションで、メモリの容量が64Kバイトのノンセグメント版を作れるようにしました。

1977年7月からマスクの作成に取り掛かりました。トランジスタの数はZ80の8200個に対して2倍強の17500個と予想されました。当時、インテルやモトローラはこの規模のICをCADで作っていましたが、ザイログは手作業でした。その上、全部の働きをマイクロコードではなく論理回路で実装することにしたので、なかなか大変な仕事になりました。

　この段階でもなおバーナード・プートと嶋正利はたびたび打ち合わせを持って構造の修正を繰り返しました。意見の対立はすでに解消されており、前向きの議論が行われました。バーナード・プートが「奇跡的」と表現した修正の例をあげておきます。嶋正利の配線技術でダイにスペースの余裕が生まれ、レジスタを8本から16本に増やすことができました。

　マスクの作成は、それやこれやの事情で、Z80のとき1か月だったのに、1年たっても終わりませんでした。このころ、ザイログは自前の半導体工場を稼働させ、1000人以上の人員を採用していました。その中から見込みのある新人が見習いを兼ねて開発の手伝いに回りました。資料でよく名前が挙がるのが、ジュディ・エストリンとジャムシェド・パテルです。

　ジュディ・エストリンはスタンフォード大学大学院で電気工学の修士号を取得したのち入社し、バーナード・プートの下に就きました。ジャムシェド・パテルはカリフォルニア大学バークレイ校大学院の半導体課程で修士号を取得したのち入社し、嶋正利の下に就きました。ふたりとも呑み込みが早く、周辺ICを開発する段階で中心的な役割を果たします。

⊕ Z8000の完成と周辺ICの遅延

　Z8000の最初のマスクは1978年8月に完成し、同年10月にダイが出来上がります。Z80と比べて構造が複雑な分、検査の手順も煩雑でした。困ったことに、たくさんの間違いが見付かり、原因の特定に時間が掛かりました。最終のマスクは1978年末に作られ、翌年2月、正しく動作するダイが出来上がりました。結局、開発に3年を要する難産となりました。

●ザイログ Z8001（セグメント版）

●AMD の Z8001 同等品

●ザイログ Z8002（ノンセグメント版）

●AMD の Z8002 同等品

↑ザイログの Z8000 と AMD の同等品

　1979年6月、ザイログがZ8001とノンセグメント版のZ8002を発売しました。同年末には早くもAMDが同等品を発売しています。Z80で蜜月関係にあったモステックは、一転、没交渉となっていました。モステックのレオンス・ジョン・セビンによれば、Z80の作り過ぎを恐れたザイログが、製造ラインの調整方法で虚偽の情報を流したことが原因だそうです。

CHAPTER ● 2—Z8000の誕生

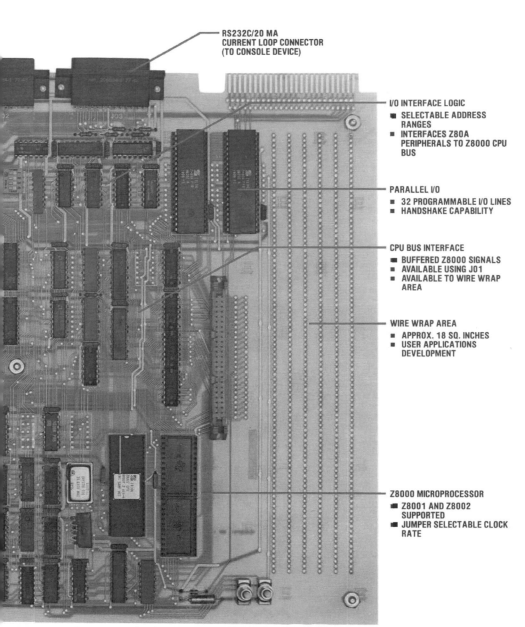

RS232C/20 MA
CURRENT LOOP CONNECTOR
(TO CONSOLE DEVICE)

I/O INTERFACE LOGIC
- SELECTABLE ADDRESS RANGES
- INTERFACES Z80A PERIPHERALS TO Z8000 CPU BUS

PARALLEL I/O
- 32 PROGRAMMABLE I/O LINES
- HANDSHAKE CAPABILITY

CPU BUS INTERFACE
- BUFFERED Z8000 SIGNALS
- AVAILABLE USING J01
- AVAILABLE TO WIRE WRAP AREA

WIRE WRAP AREA
- APPROX. 18 SQ. INCHES
- USER APPLICATIONS DEVELOPMENT

Z8000 MICROPROCESSOR
- Z8001 AND Z8002 SUPPORTED
- JUMPER SELECTABLE CLOCK RATE

●Z8000評価ボードのZ8001/Z8002付近（カタログより転載）

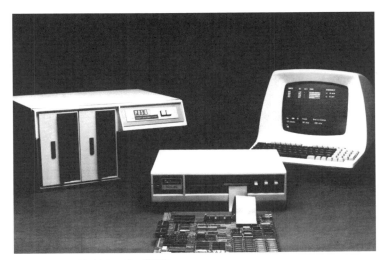

⬆Z-Scan8000（中央）と関連の機器類

　周辺ICの完成が遅れることはザイログのお家芸といえそうです。Z80
に続いてZ8000でも周辺ICが開発装置の発売に間に合いませんでした。
1979年8月に発売されたZ8000開発モジュール（評価ボード）は強引な方
法でZ80の周辺ICと組み合わせています。この状態は1981年8月に発売
されたZ-Scan8000（インサーキットアナライザ）でも相変わらずです。

⊕ 16ビットの市場に登場したライバルたち

　ザイログがZ8000を発売したとき、インテルはもう8086とデータバス
8ビット版の8088を発売していました。これらは、ただ速く動いて大き
なメモリがつながるだけの製品で、ザイログが主戦場と見ていたミニコ
ンに乗りません。たとえば、プログラムの権限を区別できないため、ひと
りのタスクの小さなバグでダウンし、全員のタスクを止めてしまいます。

⬆インテルの8086（データバス16ビット版）

　実際、8086や8088を使ったミニコンは誕生していません。しかし、旧態依然のバスに8080の周辺ICをつなぎやすいことなどが奏功し、パソコンに使われてその性能を上げました。1981年8月、IBMが8088を乗せたIBM PCを発売しました。OSはマイクロソフトのMS-DOSで、確かにときどきダウンするものの、パソコンですから他人を巻き込みません。

　IBM PCが事務系の職場で人気を博し、互換機まで現れたので、16ビットのマイクロプロセッサでは8086と8088が出荷数量を伸ばしました。この事実をもってザイログが販売戦略を間違えたと見るのは間違いです。売れ筋のパソコンは引き続きZ80を使い、その出荷数量はIBM PCが現役だった期間をとおして8086と8088の合計を遥かに上回っています。

⬆IBM PCに採用されたインテルの8088（データバス8ビット版）

すなわち、ザイログはパソコンの需要をZ80で拾うことに成功しなが
ら、Z8000でミニコンの需要を掘り起こすことにもたつきました。一因は
メモリ管理ユニットの完成が遅れたことだとされます。ミニコンにふさ
わしいメモリの取り扱いはメモリ管理ユニットが実現しますが、このこ
ろザイログは深刻な人手不足に陥り、作りたくても作れない状態でした。
　ザイログにとって間の悪いことに、Z8000を発売したすぐあと、モト
ローラが68000を発売しました。モトローラはザイログと同様、パソコン
の需要を8ビットの製品に任せ、16ビットの製品でミニコンを狙う方針
をとりました。ザイログはインテルとの競争を避けられたと思った市場
で、ことによってはいっそう厄介な相手と競争するハメになりました。
　68000は、ザイログが高すぎると判断した64ピンのパッケージを使い、
洗練された信号を揃えています。全貌を手短にまとめることは難しいの
で、メモリまわりで一例を挙げると、アドレスは24ビット、容量はセグ
メント番号の区切りなしに16Mバイトです。さらにメモリ管理ユニット
で機能を上げますが、やはり完成が遅れたので、そこはいい勝負でした。

●68000（データバス16ビット版）

●68008（データバス8ビット版）

⬆モトローラが発売した初期の16ビットマイクロプロセッサ

CHAPTER ● 2―Z8000の誕生

ちなみに、データバス8ビット版の68008は、ずっとあとの1982年中旬に発売されます。当初の予定になかったものを泥縄式で作ったらしく、68000に変換回路を追加してあって、構造が68000より複雑です。また、48ピンのパッケージに収めたくて信号を省略し過ぎたきらいがあり、データバス8ビット版なのに6800の周辺ICを接続し難くなっています。

⊕ マイクロプロセッサで最初にUNIXを動かしたZ8002

　ザイログはZ8000でミニコンを作る気運を盛り上げるために効果的な広告の出しかたを検討しました。販売促進担当のビル・スウィートは、当初、文面を練り上げようとしました。しかし、営業の担当から話を聞くと、技術者はそもそもマイクロプロセッサでミニコンが作れることに疑いを持っているようでした。これでは、どんな文面でも読んでもらえません。

　ビル・スウィートは一計を案じ、技術者向けの雑誌『EDN』にスーパーマンを模したコミック『キャプテン・ザイログ』を連載しました。主人公はZ8000に理解のある技術者で、お手洗いに入ってキャプテン・ザイログに変身し、コンピュータを個別部品で設計しようとする悪の手先と闘います。以降、毎月の問い合わせが激増し、最大で6万件にのぼりました。

　問い合わせの増加が売り上げの増加に結び付いたかどうかは定かでありませんが、少なくともZ8000でUNIXを動かせる事実は浸透していったようで、1980年初旬には数社が移植に挑戦しています。同年4月、その中のオニキスがZ8002の実験機でUNIX第7版を動かしました。Z8002は世界で最初にUNIXを動かしたマイクロプロセッサとなりました。

　オニキスは、かつてAltairの互換機を作っていたプロセッサテクノロジが解散して出直した会社です。競争の激しい個人向けコンピュータにほとほと嫌気が差していたので、パソコンの上限に近いところで、Z80を使った業務用の製品を作りました。カタログにもうひとつグレードの高いコンピュータを加えたいと思っていた矢先、Z8000が登場しました。

⬆オニキスC8002のマザーボードに取り付けられたZ8002の付近

⬆オニキスC8002の外観

　1980年6月、オニキスがZ8002と256Kバイトのメモリで動き、8ユーザーが同時にログインできるUNIXのミニコン、C8002を発売しました。Z8000の周辺ICが何ひとつ存在しないので、メモリ管理ユニットはTTLで組み立て、それ以外はZ80の周辺ICを使っています。ハードディスクや磁気テープ装置なども用意され、一式の価格がDECの半額でした。

　ザイログが目指した市場でZ8002がZ8001より先行した事例は多数あります。UNIXの互換OS、CoherentをDECのPDP-11向けに格安で販売していたマークウィリアムズカンパニーは、1980年後半、そのZ8002版を完成させました。Coherentは、UNIXそのものではありませんが、たびたびソースの不正流用が疑われるほど、そっくりに動いたとされます。

　1981年9月、イサカインターシステムズがZ8002版のCoherentを採用したミニコン、DPS-8000を発売しました。DPS-8000は、Z8002と独自のメモリ管理ユニットと128Kバイトのメモリで動きます。同社も、以前はAltairのS-100バスに挿さるボード類を販売していました。DPS-8000は、Z8002ボードを開発しているうちに出来上がった製品のようです。

⊕ Z8001とZEUSを装備したミニコンが完成

　Z8001と組み合わせてその真価を引き出すメモリ管理ユニット、Z8010は1980年第4四半期に発売されました。モトローラはまだ68000のメモリ管理ユニットを発売していなかったので、この先しばらく、Z8001に追い風が吹くと考えられました。エクソンの強い要望があって、ザイログはZ8001/Z8010を使った中規模のミニコン、System8000を開発します。

　System8000は1981年終盤に完成しました。高速版（5.5MHz）のZ8001を使い、メモリは標準256Mバイト、最大1Mバイト、Z8010がコードとデータとスタックの各領域に1個ずつあります。8台の端末がつながるシリアルインタフェースと汎用のパラレルインタフェースを備えますが、この部分は、この期に及んでもまだZ80の周辺ICとなっています。

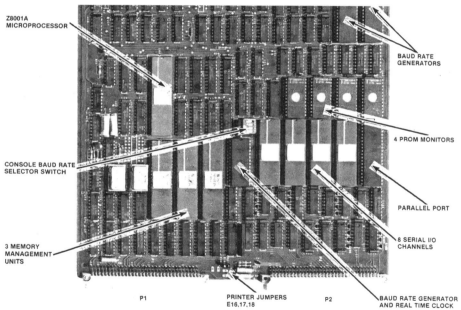

❶ System 8000のCPUボード（マニュアルより主要部分を転載）

❶ザイログ System8000 のカタログ

OSはザイログのソフトウェアチームがUNIX第7版を移植しました。ザイログはそれをZEUSと呼びました。マルチユーザー／マルチタスクの基本的な機能はオニキスなどのUNIXでも、すでに実現されていました。ZEUSでは加えて、Z8010でタスクごとに保護付きの論理メモリを割り当て、より丁寧にスケジューリングし、安全で効率的に動作させます。

　周辺機器はハードディスクと磁気テープ装置、高級言語はC、COBOL、FORTRAN、PASCAL、BASICが用意されました。System8000は、これら一式を揃えるとなかなかの威容になり、値段も張ります。このスタイルは、IBMに対抗したいエクソンの好みに合ったようですが、そのせいで、やがて登場するUNIXワークステーションに足元をすくわれます。

⊕ ザイログを困らせたUNIXワークステーション

　モトローラの68000に適合するメモリ管理ユニット、68451は1981年の年明け早々に発売されました。機能はザイログのZ8010と同等ですが、あろうことか致命的に低速でした。コンピュータのメーカーは、がっかりしませんでした。技術者が十分に腕を上げていて、ゲートアレイなどで製品ごとに最適なメモリ管理ユニットを作ることができたからです。

　1982年2月に創業したサンマイクロシステムズは完成された素材を寄せ集めて早く安く優れたコンピュータを作る方針をとりました。CPUはマイクロプロセッサ、OSはUNIX、ほかに必要なものは、それを作ることのできる人材を調達しました。たとえば、オニキスのスコット・マクネリやカリフォルニア大学バークレイ校のビル・ジョイを招きました。

　オニキスの製造管理部長だったスコット・マクネリはC8002の設計から製造まで滞りなく進めた実績を買われて3番めの社員になりました。そのすぐあと、新興の会社にありがちな内紛が勃発し、人間関係を調整する才能で社長に抜擢されました。事態が落ち着くまでの暫定的な人事でしたが、ゆくゆく、業績を大きく伸ばして揺るぎない地位を築きます。

カリフォルニア大学バークレイ校の大学院生だったビル・ジョイは、UNIXの取り扱いで「魔術師」と呼ばれる第一人者でした。彼は16番めの社員ながら役員の待遇を与えられ、上司のいない技術開発部長に就きました。彼がサンマイクロシステムズの誘いに応じたことはたちまち業界に知れ渡り、同社は最初の製品を出荷する前から関心の的となりました。

　1982年5月、サンマイクロシステムズが68000と独自のメモリ管理ユニットと256Kバイトのメモリで動くUNIXのコンピュータ、SUN-1を発売しました。SUN-1はミニコンの標準的な働きをパソコンのサイズで実現し、拡張性がやや劣る分、安価でした。これと後継の製品が評判をとって、UNIXワークステーションと呼ばれる新しいジャンルが生まれます。

Photo—Stanford university

⬆サンマイクロシステムズSUN-1の外観

サンマイクロシステムズは、ふたつの観点でザイログを困らせました。第1に、同社の製品がミニコンの下位半分にあたる領域を消し去ったので、System8000の引き合いが激減しました。第2に、同社が68000を採用したことから、UNIXワークステーションでモトローラのマイクロプロセッサが事実上の標準となり、Z8000が採用される可能性を狭めました。

⊕ ザイログを喜ばせたオリベッティのパソコン

　ザイログの狙いが外れたとはいえ、当時、電子機器の市場は年率20%台の成長を続けていたので、Z8000の出荷数量もそれなりに伸びました。Z8002は組み込み需要に活路を見出し、よく知られるところでは、ナムコが1982年9月から設置を始めたアーケードゲーム機「ポールポジション」で使われました。Z8001は、地味な数量が、パソコンに採用されました。

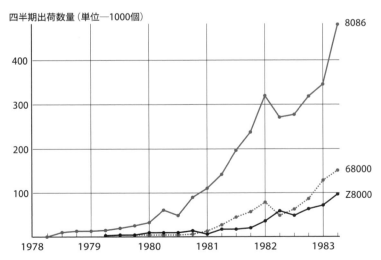

四半期出荷数量（単位―1000個）

❶マイクロプロセッサの四半期出荷数量（データクエスト調べ）

⊕オリベッティ M20の外観（ユーザーガイドから転載）

　1982年3月、オリベッティがZ8001を採用した高性能なパソコン、M20を発売しました。同じ分野でIBM PCが8088を採用し、互換機が続く中、時流に反してZ8001を採用した背景には人情の絡みがあったようです。オリベッティのパソコン設計センターはザイログの近くにありますし、イタリアの本社はフェデリコ・ファジンが最初に勤めたところです。

　M20は大勢に迎合しない気骨を示したものの、ソフトウェアの供給で代償を支払いました。UNIXの風味を持つ独自のOS、PCOSはアプリケーションの不足に悩まされ、のちにCP/M-8000を追加しましたが状況は相変わらずでした。そのため、M20の多くは専用に開発された会計ソフトや建築ソフトなどとともに業務用パッケージの形で販売されています。

CHAPTER ● 2―Z8000の誕生

現在、イタリアのマニアは、M20の資料やソフトウェアをネットで公開しています。それらはM20に限らず、Z8000を動かしてみたい人の役に立ちます。中でもPCOSの開発環境、z8kgccをUNIX系のOSに移植したものは、Z8000のプログラムを作る上で、もはや希少となった手段のひとつです。次に述べるSBCZ8002は、z8kgccの力を借りて動かしました。

⊕ シングルボードコンピュータSBCZ8002の構想

　Z8000の構造は、一般的な16ビットのマイクロプロセッサと比べて、一部、風変わりなところがあります。たとえば、偶数アドレスを出した状態で奇数アドレスを読み書きします。マニュアルにそう書いてあり、結論をいうと確かにそのとおりです。しかし、当初は理解に苦しんだので、動作確認用のシングルボードコンピュータ、SBCZ8002を製作しました。

　SBCZ8002は、サービスサイズのプリント基板に収まる範囲で、できることをせいいっぱいやっています。Z8001は大きすぎるため、マイクロプロセッサはZ8002です。これとファミリーの周辺IC、Z8530（製作例は上位互換のZ85230）を組み合わせ、シリアルの端末から操作できるようにしました。それ以外は、なるべく部品点数が減るように努めています。

　Z8000はDRAMのリフレッシュをやりますが、その働きを捨て、制御回路のいらないSRAMを使いました。Z8530は、世代が一致しない、小型のパッケージを選んでいます。これらの隙間に介在する雑多な論理回路は、ラティスのGAL16V8Bに詰め込みました。リセット信号と通信用のクロックは、マイクロチップテクノロジーのPIC12F1822が生成します。

　SBCZ8002が捨てた働きを試したくなったとき困らないように、Z8002の両側にピンソケットを立ててあります。試作の段階では、ここへロジックアナライザをつないで数々の設計ミスを突き止めました。ここから信号を引き出すと、機能をいかようにも拡張できます。簡単な外付け回路なら、ブレッドボードとジャンパ線で追加することができるでしょう。

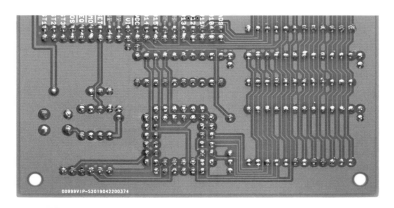

⬆Z8002を可能な限り少数の部品で動かしてみたSBCZ8002

215

SBCZ8002はプリント基板を頒布しますので、必要に応じ、みなさんのお手もとで動かしてもらえます。ただし、誰にでも簡単に作れるとはいえません。大半の部品はただハンダ付けするだけですが、GAL16V8BやPIC12F1822の書き込みで、ある程度の経験と機材が必要です。この件を含むSBCZ8002の詳細は、本書のサポートページで紹介しています。

⊕ システムモードと通常モード

　SBCZ8002のマイクロプロセッサ、Z8002は、Z8001からセグメント番号に関係する機能をなくし、ピンを8本減らしたものです。それ以外は、大筋で同じです。共通のダイを使ったボンディングオプションなので、存在するピンは外見的な機能が酷似します。以降、SBCZ8002で検証したZ8002の働きを述べますが、多くの説明は、Z8001にも当てはまります。

ST_3-ST_0　**Definition**

0 0 0 0	Internal operation
0 0 0 1	Memory refresh
0 0 1 0	I/O reference
0 0 1 1	Special I/O reference
0 1 0 0	Segment trap acknowledge
0 1 0 1	Non-maskable interrupt acknowledge
0 1 1 0	Non-vectored interrupt acknowledge
0 1 1 1	Vectored interrupt acknowledge
1 0 0 0	Data memory request
1 0 0 1	Stack memory request
1 0 1 0	Data memory request (EPU)
1 0 1 1	Stack memory request (EPU)
1 1 0 0	Instruction space access
1 1 0 1	Instruction fetch, first word
1 1 1 0	Extension processor transfer
1 1 1 1	Reserved

※信号名は次のとおり簡略化します。
READ/WRITE → R/$\overline{\text{W}}$
NORMAL/SYSTEM → N/$\overline{\text{S}}$
BYTE/WORD → B/$\overline{\text{W}}$

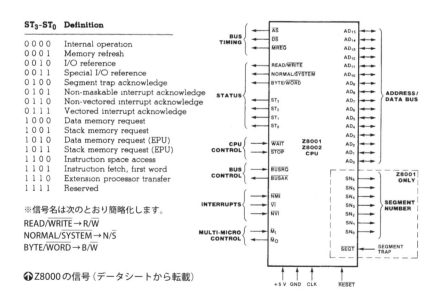

❼Z8000の信号（データシートから転載）

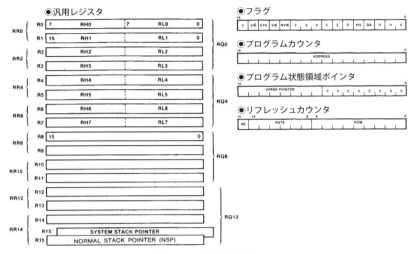

●Z8002のレジスタ構成（データシートから転載）

　Z8002がインテルの8086や8088より明確に優位な点は、システムモードと通常モードでプログラムの権限を区別することです。システムモードは何でもできます。通常モードでは特権命令が使えず、スタックポインタの裏側（R15'）、フラグの上位8ビット、入出力アドレスの偶数側などを利用できません。その結果、ダウンを誘う危険な処理が禁止されます。

　システムモードと通常モードはフラグのS/N̄で設定します。典型的なコンピュータは、OSをシステムモード、アプリケーションを通常モードで動かします。OSはアプリケーションの傍若無人な振舞いを許しません。しかし、いくらか危険だとしても常識的に必要な処理は、アプリケーションからSC命令を使って、OSへ依頼できるようになっています。

　Z8002がどちらの状態で動いているかはN̄/Sが表します。この信号を利用すると、外部のハードウェアで通常モードにより厳しい制限を加えることができます。たとえば、アドレスデコーダとうまく組み合わせれば、メモリの特定区画が選択禁止になります。なお、SBCZ8002はプリント基板にスペースの余裕がないため、そこまではやっていません。

217

CHAPTER●2―Z8000の誕生

モトローラの68000は、Z8002のシステムモードと通常モードに相当する、スーパーバイザーモードとユーザーモードがあります。Z8002は16ビットの汎用レジスタが16本ある点でも8本の8086や8088より優れていますが、68000のレジスタ構成と比べると実質的に同等です。ザイログにしてみれば、つくづく嫌なやつが現れたと思ったことでしょう。

⊕ 偶数／奇数アドレスとバイト／ワードアクセス

　Z8002はアドレスバスとデータバスが時分割で兼用ピンを使います。一部の周辺ICは兼用ピンに直結して配線を減らせますが、そういうメモリがないので、結局、外部で分離することになります。アドレスバスとデータバスは16ビットで、メモリと周辺ICの両方に対し、アドレスの広さが64Kバイト、データは1ワード（2バイト）単位でアクセスします。

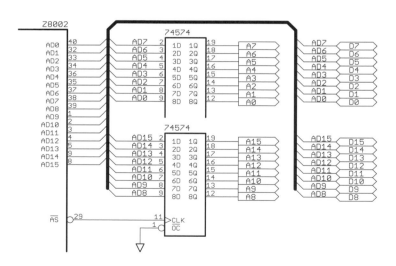

⬆時分割の兼用ピンからアドレスバスとデータバスを分離する回路

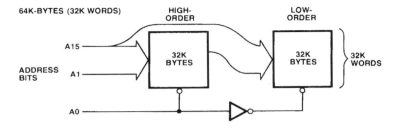

◐アドレスバスの働き（応用マニュアルから転載）

　アドレスバスは、常時、A1 ～ A15で1ワードの先頭アドレスを指定します。そのまま1ワードを読み書きするとき、B/$\overline{\text{W}}$はLです。1ワードをアクセスして、そのうちの1バイトだけを読み書きすることもあります。この場合、B/$\overline{\text{W}}$がHになり、読み書きの対象は、A0がLなら奇数アドレス（データバスのD8 ～ D15）、Hだと偶数アドレス（同D0 ～ D7）です。

　自作派のマニアを悩ませるのが、1バイトの読み書きで、A0が示す値と数学的な偶数／奇数の解釈が逆になることです。Cコンパイラは機械語を1バイト単位の数学的に素直な順番で生成するため、ROMは偶数側と奇数側を逆に取り付けます。通常モードで読み書きしたい周辺ICは、Z8002から見て奇数側につなぐ規則なので、回路の偶数側につなぎます。

```
                ! -O -fdefer-pop -fomit-frame-pointer -fcse-fol
                ! -fexpensive-optimizations -fthread-jumps -fst
                ! -ffunction-cse -finline -fkeep-static-consts
                ! -frerun-cse-after-loop -frerun-loop-opt -fsjl
偶数アドレスは    ! -fgnu-linker -fregmove -fargument-alias -msb
Z8002の奇数側
                        unseg
       奇数アドレスは    gcc2_compiled.:
       Z8002の偶数側    ___gnu_compiled_c:
                        sect    .text
0000 0000               wval    0
0002 4000               wval    16384
0004 0006               wval    6
0006 210F0000           ld      r15,#0
000a 5E08063C           jp      _main
```

◐Cコンパイラが出力した機械語の例

219

考えすぎて余計に混乱することを防ぐため、こう割り切ります。A0は、もはやアドレスを表す値の一部ではなく、Lだと奇数アドレス、Hだと偶数アドレスを指定する信号と捉えます。そして、ひとたびZ8002が動き出したら、この件は忘れます。本書はZ8002から見た偶数アドレスを「偶数アドレス」、同じく奇数アドレスを「奇数アドレス」と表記しています。

⊕ Z80と互換性のない制御信号

　メモリと周辺ICはZ8002に対し、チップ選択、読み出し実行、書き込み実行、そしてもし割り込みをやるとすれば割り込み応答を要求します。これらの信号は、Z8002の制御信号をもとに、外付け回路で作ります。外付け回路は正直に組み立てるとけっこうな数量のTTLがいるため、いわゆるプログラマブルロジック、GAL16V8Bひとつで済ませました。

　チップ選択は、B/$\overline{\text{W}}$（バイト／ワード）、A0（偶数／奇数アドレス）、A15（アドレスデコーダの代用）を組み合わせておいて、選択先がメモリなら、さらに$\overline{\text{MREQ}}$（メモリ要求）を加えます。選択先が周辺ICだと入出力要求（Z80の$\overline{\text{IOREQ}}$相当）を加えるのですが、この信号はZ8002から直接出力されていないので、ST0〜ST3（ステータス）を復号して取り出します。

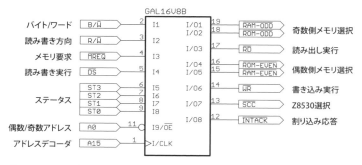

◆GAL16V8Bを使った制御信号変換部分の入出力信号

読み出し実行と書き込み実行は、R/$\overline{\text{W}}$（読み書き方向）と$\overline{\text{DS}}$（読み書き実行）で作ります。出来上がる信号は、全部のメモリと周辺ICで共通に使います。割り込み応答は、やはりZ8002から直接出力されていないので、ST0 〜 ST3を復号して取り出します。取り出した信号は、Z8000の周辺ICがベクタ方式の割り込みを実行する過程で使うことになります。

　SBCZ8002のGAL16V8Bは、偶数ROM、奇数ROM、偶数SRAM、奇数SRAM、Z8000の周辺ICひとつの接続を想定しています。Z80の周辺ICを接続できると便利ですが、それはなかなか難しく、特にモード2の割り込みを実現することは絶望的です。Z8002には、モード2の割り込みを完了した時点で割り込み要求を取り下げてもらう仕組みがないからです。

　Z8000の応用マニュアルはZ80の周辺ICがつながる外付け回路の例を示しています。それはモード2の割り込みに対応しますが、割り込み要求を取り下げてもらうためにプログラムで疑似的なZ80のRETI命令を出すことが条件です。この不完全な働きのために主要部分だけで6個のTTLを使いますし、回路の構成上、GAL16V8Bで置き換えができません。

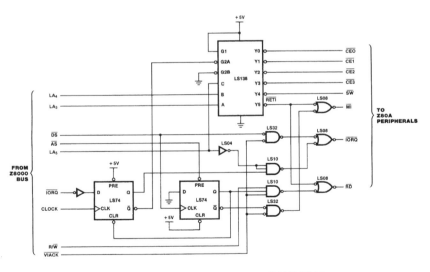

❶応用マニュアルに掲載されたZ80ファミリー周辺ICの接続例（参考）

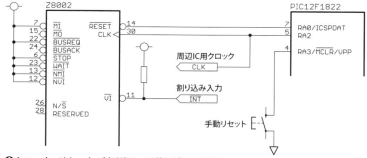

❶クロック、リセット、割り込み、不使用端子の処理

　Z8002の信号は、原則、TTLレベルですが、クロックだけ4.6V以上と規定されていて、TTLのクロック生成回路だと後ろにトランジスタのドライバが必要です。もうひとつ、リセット回路もまた、こまごまとした部品を使います。SBCZ8002はCMOSのマイコン、PIC12F1822でクロックとリセット信号を出し、これらに関係する部品をごっそりなくしました。

　SBCZ8002は、DMA、特殊な割り込み、低速なメモリの接続、マルチプロセッサに対応しません。これらに関係する出力ピンは無接続、入力ピンはプリント基板のソルダパッドで無効に固定してあります。無効な入力ピンはソルダパッドを切断すれば復活するため、必要なら、全部の信号をZ8002の両側に立てたピンソケットから引き出すことができます。

⊕ 2系統あるZ8000の周辺IC

　Z8000の周辺ICは1981年発行のカタログで豪勢な顔ぶれを披露しました。ただし、その一部は実在した形跡がありません。安定的に供給されたのは、前述のZ8010（メモリ管理ユニット）のほか、SCC（シリアル通信コントローラ）とCIO（カウンタ／パラレル入出力）です。特にSCCはアップルのパソコンに採用され、一時期、ザイログの稼ぎ頭になりました。

SCCとCIOは幅広く応用が利きそうだったので、Z8000ファミリーに加えてZ8500ファミリーが用意されました。Z8000ファミリーはZ8000のアドレスバス兼データバスに直結できます。Z8500ファミリーは分離したアドレスバスとデータバスでつなぐ、いわば普通の構造です。これらのピンは、Z8000とつなぐ側が違うだけで、外向きの働きは同じです。

Z8002と組み合わせるならZ8000ファミリーのほうが便利だとは限りません。兼用ピンに直結する構造は、プログラムに何かと変則的な対応を迫ります。たとえば、SCCは一部のデータ（レジスタ番号など）を左シフトしてAD0を使わずに転送しなければなりません。しかも、結局はメモリのためにアドレスバスとデータバスを分離することになります。

SBCZ8002は端末の制御にZ8500ファミリーのSCC、Z8530を使っています。Z8530は、ごく標準的な構造を持ち、Z8002とメモリのようにつながりますし（入出力アドレスに割り当てるところだけが違います）、SIOのように操作することができます。部品点数が増えてしまわないか心配しましたが、Z8000ファミリーのZ8030を使うより、むしろ減りました。

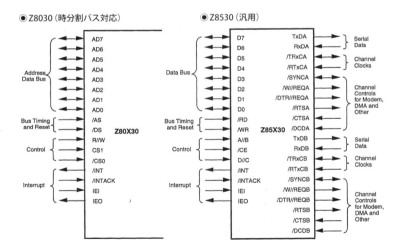

●Z8030（時分割バス対応）　　　　　●Z8530（汎用）

⬆SCCの信号（データシートから転載）

Z8530は通信用のクロックを作る方法が3種類あります。外部から供給するか、内蔵クロック生成器で作るか、システムのクロックと内蔵PLLで作るかです。システムのクロックと内蔵PLLで作れば、一切の外付け回路が不要ですし、通信速度がプログラムでどうにでもなります。たいへん便利なので、SBCZ8002は、この方法をとっています。

⊕ SBCZ8002の簡易モニタをC言語で書く

Z8002のプログラムはCコンパイラを含む開発環境、z8kgccで作ることができます。取り急ぎ、SBCZ8002の簡易モニタを書きました。冒頭、無理やりな手法でハードウェアに依存する処理をやっています。そこだけ大目に見てもらえれば、あとは、ありきたりなC言語の記述です。このソースひとつと1行のコマンドで、見事に目的の機械語が生成されます。

メモリの先頭から3ワードは予約領域です。第1ワード(アドレス0)は空けておきます。第2ワード(アドレス2)はフラグの初期値です。ここでシステムモードを選択しておかないと、あとで身動きがれなくなります。第3ワード(アドレス4)は開始アドレスです。簡易モニタは、開始アドレスをすぐ次に指定し、スタックを設定したのち関数mainへ分岐します。

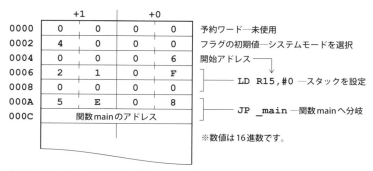

↑Z8002のメモリの予約領域(簡易モニタの設定例)

```
/*    MONZ8k Ver.1.0 Z8002 Rush Monitor
      @Copyleft all wrongs reserved
*/

// Start up routine
__asm__ ("sect .text");              //機械語領域の宣言
__asm__ ("wval 0");                  //予約ワード
__asm__ ("wval 16384");              //フラグの初期値
__asm__ ("wval 6");                  //開始アドレス
__asm__ ("ld   r15,#0");             //スタックを設定
__asm__ ("jp   _main");              //関数mainへ分岐

// In value from port
unsigned char inb(unsigned int port){
  unsigned char value;               //戻り値の宣言

  __asm__ volatile (
    "inb %Q0,@%H1 \n\t"              //INB命令と引数の関係
    :"=r"((unsigned char)value)      //戻り値の型
    :"r"((unsigned int) port));      //引数の型
  return value;                      //戻り値を持って終了
}

// Out value to port
void outb(unsigned int port, unsigned char value){

  __asm__ volatile (
    "outb @%H0,%Q1 \n\t"            //OUTB命令と引数の関係
    :                                //戻り値なし
    :"r"((unsigned int)port),        //第1引数の型
    "r"((unsigned char)value));      //第2引数の型
}                                    //終了
```

　周辺ICを操作するために、入出力アドレスを指定して1バイトを読み込む関数inbと1バイトを書き込む関数outbがあります。ここはC言語がもっとも不得手とするところであり、記述が不思議な記号に満ち溢れますが、生成される機械語は、ただのINB命令またはOUTB命令です。このふたつで、たいがいのインタフェースを動かすことができます。

⚓SBCZ8002簡易モニタのソース (Z8530の取り扱い部分)

```c
#define SCCAC 5                          //Z8530チャンネルAの制御レジスタ
#define SCCAD 7                          //Z8530チャンネルAのデータレジスタ

// SCC command chain
const unsigned char scccc[] = {          //Z8530のコマンドチェイン
   0x09, 0xC0,                           //WR9でリセット
   0x04, 0x44,                           //WR4で通信方式と通信形式を設定
   0x03, 0xC0,                           //WR3で受信方法を設定
   0x05, 0xE2,                           //WR5で送信方法を設定
   0x09, 0x01,                           //WR9で割り込み不要を設定
   0x0A, 0x00,                           //WRAで特殊な送受信を不要に設定
   0x0B, 0x56,                           //WRBで内蔵PLLを選択
   0x0C, 0x0B,                           //WRCで時定数下位バイトを設定
   0x0D, 0x00,                           //WRDで時定数上位バイトを設定
   0x0E, 0x02,                           //WREで内蔵クロック生成器を選択
   0x0E, 0x03,                           //WREで内蔵クロック生成器を起動
   0x03, 0xC1,                           //WR3で受信許可を設定
   0x05, 0xEA                            //WR5で送信許可を設定
};

// Initialize SCC
void initscc(void){
   int i;                               //ループ変数を宣言

   for(i = 0; i < sizeof(scccc); i++)
     outb(SCCAC, scccc[i]);             //コマンドチェインを書き込む
}                                        //終了

// Get a character from SCC
unsigned char getch(void){
   while(!(inb(SCCAC) & 1));            //受信完了フラグが立つのを待つ
   return inb(SCCAD);                   //受信データを持って終了
}

// Put a character to SCC
void putch(unsigned char c){
   while(!(inb(SCCAC) & 4));            //送信可能了フラグが立つのを待つ
   outb(SCCAD, c);                      //送信
}                                        //終了
```

Z8530の初期化は関数initsccが実行します。SIOと同様、ここでROMに並んだコマンドを、順次、制御レジスタへ放り込みます。ソースの記述をこれ以上ややこしくしないため、次の2点を我慢します。Z8002は連続的な出力に適したOUTDRB/OUTIRB命令を持ちますが、それは使わないで関数outbを繰り返し呼び出します。また、割り込みをやりません。

Z8530からの1文字入力は関数getch、1文字出力は関数putchが実行します。関数getchは、制御レジスタを読み出して受信完了フラグを調べ、立っていなければ繰り返し、立ったところでデータレジスタを読み出します。関数putchは、それとほぼ同じ手順になりますが、制御レジスタの送信可能フラグが立ったところでデータレジスタへ書き込みます。

以上でZ8002の起動と端末の制御が実現します。端末との通信方式は非同期、通信速度は9600ビット／秒、通信形式はデータ長8ビット、パリティなし、1ストップビットです。以降はもうSBCZ8002に固有の事情が影響しません。その証拠に、メモリの読み書きやサブルーチンの呼び出しなど主要な働きは、SBC8080のモニタから記述を流用しています。

🔶SBCZ8002の簡易モニタで「HELLO, WORLD」を表示した例

ソースの書きかたは「動かしたモン勝ち」な感じですが、Cコンパイラが生成した機械語は比較的きれいです。リスティングを見ると、高級言語に独特な引数の受け渡しや変数の確保で、Z8002のレジスタとアドレッシングモードがいい仕事をしています。なお、ソースやリスティングはSBCZ8002データパックに含まれますので、必要に応じ、ご覧ください。

⊕ 簡易モニタでLEDを点滅させる

簡易モニタは、ハンドアセンブルを苦にしなければ、Z8002のちょっとしたテストに便利です。一例としてLEDの点滅をやってみました。LEDは2.2kΩの抵抗を直列につないでZ8002の$\overline{MO}$と電源の間に入れます。$\overline{MO}$はマルチプロセッサ構成で同期をとるための信号ですが、シングルプロセッサ構成のSBCZ8002だと、ただの出力ポートに成り下がります。

$\overline{MO}$はMSET命令でL、MRES命令でHを出力します。間隔は、NOP命令とDJNZ命令を65536回、繰り返して空けました。機械語は簡易モニタ

```
                !         blink LED
0000  7B08      blink:  mset              !MOをセット
0002  DFFD              calr    delay     !約0.3秒空ける
0004  7B09              mres              !MOをリセット
0006  DFFF              calr    delay     !約0.3秒空ける
0008  E8FB              jr      blink     !繰り返す
                !
                !         delay subroutine
000a  8D88      delay:  clr     r8        !R8をクリア
000c  8D07      loop:   nop               !何もしない（時間をつぶす）
000e  F882              djnz    r8,loop   !R8を減らして0でなければ分岐
0010  9E08              ret               !呼び出し元へ戻る
                !
                          .end
```

⬆SBCZ8002でLEDを点滅させるプログラムのリスティング

● 機械語を E100H から配置する操作例

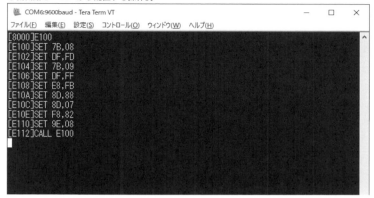

```
[8000]E100
[E100]SET 7B,08
[E102]SET DF,FD
[E104]SET 7B,09
[E106]SET DF,FF
[E108]SET E8,FB
[E10A]SET 8D,88
[E10C]SET 8D,07
[E10E]SET F8,82
[E110]SET 9E,08
[E112]CALL E100
```

● LED が点滅している状態

↑ SBCZ8002 で LED を点滅させるテストの様子

　の SET コマンドで書き、CALL コマンドで呼び出します。これで、LED
が点滅を始めます。一連の作業を通じ、機械語が 16 ビット単位に揃うこ
と、偶数アドレスのどこから配置しても動くことなどを実感できました。

3 | Z8と新体制

[第3章]
伝説の系譜

⊕ ザイログのもっとも困難な時代

　ザイログに出資していたエクソンの投資部門は、2年に1回、本社へ実績の報告を上げました。1977年の報告は、短期間でZ80を完成し、売れ行きを軌道に乗せ、ミニコンの置き換えを狙った汎用のコンピュータ、MCZ-1の開発も順調という、輝かしい内容になりました。それが、ザイログを第2のIBMへ成長させたい願望に見当外れな現実感を与えます。

　間違いの始まりは、単価5ドルのICより最小構成1万2000ドルのミニコンのほうが儲かると読み、カネと圧力で完成を目指したことでした。エクソンは、Z80のMCZ-1が利益を出さなかったにもかかわらず、Z8000のSystem8000に期待を掛け、成果を急いで、ザイログがまだZ8000と悪戦苦闘している最中、周辺ICの開発計画に多数の案件を追加しました。

　ザイログは深刻な人手不足に陥り、開発の停滞や失敗で回収できない出費を膨らませます。1979年の決算は過去最高の7800万ドルを売り上げながら1500万ドルの損失を出しています。エクソンには状況を改善する妙案がなく、困り果てて闇雲に圧力を強め、混乱に拍車をかけました。同年、エクソンの投資部門は本社へ最悪の報告を上げることになります。

　半導体業界の市場調査会社、データクエストは、当時のニュースレターで半導体メーカーと系列企業の協力関係を考察し、日本やヨーロッパはうまくいっているが、アメリカはダメだと述べました。冒頭、典型例として挙げたのが、ザイログとエクソン、フェアチャイルドとシュルンベルジェです。この2組みの失敗は、半導体業界で広く知られた事実でした。

INTRACOMPANY SHIPMENTS--REGIONAL COMPARISONS

In researching the regional base markets of Europe, Japan, and the United States, DATAQUEST noted some interesting similarities and differences. Systems divisions offer companies some security in tough times, yet the mix of semiconductor and systems house seems difficult for some U.S. companies to manage. Examples of awkward U.S. unions include companies such as Zilog/Exxon and Fairchild/Schlumberger.

Japanese-based companies are interesting because of their vertical integration. Semiconductor companies are generally part of a very large conglomerate, or keiretsu. As a result, the semiconductor division of a vertically integrated Japanese company has a ready market for its product within the corporate conglomerate or keiretsu. DATAQUEST believes that in 1985 intracompany shipments for Japanese semiconductor companies comprised roughly 25 percent of total production or sales.

European semiconductor manufacturers are similar to the Japanese in that they are mostly divisions of large, vertically integrated electronics companies. Philips and Siemens have expanded their revenue through acquisition. Siemens has acquired numerous small U.S. companies (Crystal Technology, Litronix, and Microwave Semiconductor) to supply its semiconductor requirements and broaden its product portfolio, while Philips acquired Signetics in 1975 as a means of strengthening its market position. DATAQUEST believes that European companies sell about 15 percent of their products to sister divisions.

The U.S. market, due to its segmentation of systems manufacturers and component manufacturers, is a volatile market. Although large internal sales in Europe and Japan absorb components and act as a buffer in poor economic cycles, U.S. component suppliers must bear the full weight of economic cycles since the majority of their product is sold into the merchant market. In Japan and Europe, systems groups in general can offer financial support to the company as a whole when the semiconductor market is depressed.

CONCLUSION

Characterized by and including such large captive semiconductor manufacturers as AT&T and IBM, the U.S. market is the largest consuming region in the world. U.S. merchant companies also have the highest concentration of sales to outside users. We believe that this is a disadvantage to the companies from a financial and applications perspective. Kinship with systems groups provides feedback in component design and also ready markets for the product.

Barbara A. Van
Gene Norrett
Howard Z. Bogart

❶ザイログとエクソンの協力関係に言及したデータクエストの考察

CHAPTER●3─Z8と新体制

ザイログの社長、フェデリコ・ファジンは、経営上の判断でエクソンの要求に強く抵抗しませんでした。副社長のラルフ・アンガーマンがその姿勢に苦言を呈し、ふたりの信頼関係に深い亀裂が生じます。現場の技術者は、荒唐無稽な開発計画と上層部の不仲に失望させられました。ザイログは、優秀な人材の相次ぐ離脱を許し、危機的な状況を迎えます。

　嶋正利は落ち着いた環境で仕事をしたいと考え、Z8000の発売を見届けて退職し、日本へ帰りました。そこへ、インテルから声が掛かりました。当時、同社は世界各地に設計拠点を置いて顧客の製品設計を支援するとともにカスタムICの需要を拾っていました。そのひとつが茨木県つくば市に作られることになり、彼は誘いを受けて初代の所長に就きました。

　ラルフ・アンガーマンは初心に戻ってコンピュータのネットワークを突き詰めることにしました。チャーリー・バスが同じ思いを抱いていました。ふたりはザイログを退職し、共同でアンガーマン・バスを設立します。同社はザイログのソフトウェアチームからもう5人を誘い、Z-Netを発展させたプロトコルスイートと関連機器の開発に取り組みました。

⊕ エクソンの子会社となるも夢の種を残す

　1979年、エクソンは自らがコンピュータのメーカーとなる決意を固め、出資していた会社を買収します。バイデック、クイップ、クイクスは、エクソンオフィスシステムズに統合されました。ザイログについては、社名を残し、半導体事業を維持しましたが、ミニコンに注力する方針を掲げ、その販売はエクソンコンピュータシステムズの担当となりました。

　エクソンはザイログの新しい社長に、それまでフェアチャイルドの役員を務めていたマニー・フェルナンデスを迎えました。気の毒にも、彼の任期は3年、与えられた役割はエクソンの意向を代弁することでした。案の定、彼は着任してすぐザイログの全員を敵に回します。それからあとの3年は社長室で自分のためのパソコンを構想して過ごしました。

●インテル8048

Photo ─ CPU Grave Yard

●ゼネラルインスツルメンツPIC1650

●モトローラ6805

Photo ─ CPU Grave Yard

↑1970年代の代表的なマイコン

　このころ、半導体製品で市場規模を急速に拡大していたのはエクソン
が目指すところと正反対のマイコンでした。マイコンは1970年代後半に
最小の機能と最低の価格で登場し、いわゆる組み込み用途で、それまで
マイクロプロセッサが働いていた場所へ浸透しました。総生産量は1979
年にマイクロプロセッサと並び、数年後、大きく上回ることになります。

　1976年に発売されたインテルの8048と1977年に発売されたゼネラル
インスツルメンツのPIC1650は初期の売れ筋として知られます。モト
ローラは1979年に6805を発売し、自動車産業の需要を捉えて、約3年で
先頭集団に追い付きました。マイクロプロセッサを製造していながらマ
イコンに無関心な半導体メーカーはザイログくらいのものでした。

233

フェデリコ・ファジンは社長を解任される直前、次の開発目標をマイコンに定め、最後のひと仕事で製品仕様を決めてZ8と名付けました。後任の社長が、もしそれを取りやめにしたら、ザイログは大きな商機を逸するところでした。ザイログでこれといった働きをしなかったマニー・フェルナンデスのいちばん顕著な功績はZ8を潰さなかったことです。

　Z8は、もうあらかた開発が済んでいたZ8000の構造を8ビットに縮小し、周辺ICを付け足したようなマイコンです。すなわち、開発の現場が混乱する中でも短期間で完成し、ある程度の売り上げが見込めて、開発費を回収しやすく考えられています。付け足せば、ザイログを設立した当初、フェデリコ・ファジンが作りたいと主張した製品に似ています。

　フェデリコ・ファジンはZ8の開発を指示してすぐ退職し、以降の工程に関与していません。身を引いたあとはマイクロプロセッサからやや距離を置いたところで数社の経営に携わりました。Z80を誕生させた3人の技術者が去ったことでザイログはひとつの時代に幕を下します。しかし、Z8が一粒の種となり、新生ザイログが育ってZ80を受け継ぎます。

⊕ Z8000の構造を8ビットに縮小した恰好のZ8

　Z8000の開発がZ80の開発と一部重複して始まったように、Z8の開発はZ8000の開発と一部重複して始まりました。構造設計はバーナード・プート、論理設計はジュディ・エストリンが主導しました。現場の作業や先々の工程で、ほかにも関与した技術者がいたはずですが、確かなことがわかりません。当時の状況は、記録や証言も、ひどく混乱しています。

　Z8の設計原図は、直前にZ8000を担当したバーナード・プートと周辺ICを担当したジュディ・エストリンの頭の中にありました。ですから、約1年後の1980年第2四半期、早くも出荷へ漕ぎ着けています。開発期間はZ8000の3年と比べるべくもなく、Z80の1年4か月さえ下回ります。この間、技術的な壁に当たったことを示唆する逸話は見付かりません。

⬆Z8601/Z8671のダイ

　このような経緯があって、Z8は新型のマイクロプロセッサといえるく
らい整った命令体系と素直なアドレスバスを持ちます。他社のマイコン
が雑然とした構造と引き換えに価格を下げていた中で、その方向性は一
種の賭けでした。実際、いきなり飛ぶようには売れませんでしたが、比較
的高度な電子機器に居場所を見付け、安定的に出荷数量を伸ばしました。

　Z8は、他社のマイコンにならい、発売から1年のうちに多数（数えかた
によって3種類〜16種類）のバリエーションを揃えました。全部に共通
するのは、CPU、シリアルインタフェース、パラレルインタフェース、タ
イマを内蔵していること、違いはROMなしか内蔵か、細部にこだわるな
らレジスタの構成にわざわざ言及するほどでもない差異があります。

◉Z8601─NMOS標準版（アップル仕様マスクROM内蔵品の例）

Photo─Mac GUI

◉Z8603─NMOSピギーバック（AMDのEPROMを取り付けた例）

Photo─CPU Grave Yard

◉Z8671─NMOSタイニーBASIC内蔵品

Photo─CPUShack

◉Z8681─NMOSメモリ外付け標準版

◉Z86C91─CMOSメモリ外付け高速版

⬆Z8のバリエーション

Z8の標準品に位置づけられるのは2Kバイトのマスク ROM を内蔵したZ8601です。この製品はマスク ROM を造り込む関係で数千個単位の受注生産となるため、試作では EPROM を背負う恰好（ピギーバック）のZ8603を使います。少量生産の電子機器や趣味の電子工作だと ROM なしのZ8681が向いています。選択の基準は、すべて単純に単価のみです。

変わり種はマスク ROM にタイニー BASIC を造り込んだZ8671で、部品店に並び、一般向けに販売されました。雑誌『byte』のテクニカルライター、スティーブ・シアルシアはZ8671で動くシングルボードコンピュータの記事を書いて評判をとりました。プリント基板の製作はマイクロミントが肩代わりし、同社はのちにそれを商品として販売しています。

xpensive
ns. Com-
pplied to
was not

nputer is
gent con-
inexpen-
specific
erve as a
puter for
specifica-
n the "At

ne design
computer
res of the
mponent
asi-Static
e to con-
the tiny-
how the
memory,
ole appli-

tained in

rcia.

Photo 1: *Z8-BASIC Microcomputer. With the two "RAM" jumpers installed, it is configured to operate programs residing in the Z6132 Quasi-Static Memory. A four-position DIP (dual-inline pin) switch (at upper right) sets the serial data rate for communication with a user terminal connected to the DB-25S RS-232C connector on the top center. The reset button is on the top left.*

❶『byte』1981年6月号と7月号に連載されたZ8671の製作記事（部分抜粋）

CHAPTER●3―Z8と新体制

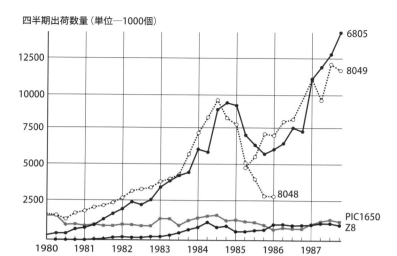

四半期出荷数量（単位—1000個）

↑マイコンの四半期出荷数量（データクエスト調べ）

　Z8の同等品は少量をシャープ、SGS-ATES、シナーテックが製造しました。一方、8048（およびROMを増量した8049）は12社、6805は7社が盛大に製造しました。したがってZ8の存在感はいまひとつでしたが、平均販売価格が一般的なマイコンの1.5倍で落ち着いており、出荷数量の約8割を占めるザイログは、ある程度、収支を改善することができました。

⊕ シングルボードコンピュータSBCZ8の構想

　現在、ザイログはZ8の供給を続けつつ、組み込み用途に絞って現代風に修正したZ8 Encore!を主力としています。いまやZ8 Encore!のほうが有名なので、Z8も似たような組み込み用途のマイコンだろうと想像されがちですが、それはいささか違います。事実を明らかにするため、Z8ならではの構造を積極的に使ったコンピュータ、SBCZ8を製作しました。

●SBCZ8の製作例（上がNMOS標準版、下がCMOS高速版）

CHAPTER●3—Z8と新体制

Z8681/82 Z8®
ROMless MCU

FEATURES

- Complete microcomputer, 24 I/O lines, and up to 64K bytes of addressable external space each for program and data memory.

- 143-byte register file, including 124 general-purpose registers, 3 I/O port registers, and 16 status and control registers.

- Vectored, priority interrupts for I/O, counter/timers, and UART.

- On-chip oscillator that accepts crystal or external clock drive.

- Full-duplex UART and two programmable 8-bit counter/timers, each with a 6-bit programmable prescaler.

- Register Pointer so that short, fast instructions can access any one of the nine working-register groups.

- Single +5V power supply—all I/O pins TTL compatible.

- **Z8681/82 available in 8 MHz. Z8681 also available in 12 and 16 MHz.**

GENERAL DESCRIPTION

The Z8681 and Z8682 are ROMless versions of the Z8 single-chip microcomputer. The Z8682 is usually more cost effective. These products differ only slightly and can be used interchangeably with proper system design to provide maximum flexibility in meeting price and delivery needs.

The Z8681/82 offers all the outstanding features of the Z8 family architecture except an on-chip program ROM. Use of external memory rather than a preprogrammed ROM enables this Z8 microcomputer to be used in low volume applications or where code flexibility is required.

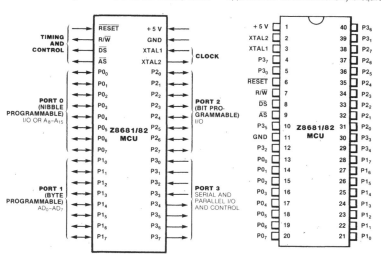

❶Z8681/Z8682の概要（データシートの要所を抜粋）

SBCZ8のマイコンはROMなしのZ8681です。実際はさまざまなROMなしの製品、たとえばZ86C91で代替が利きます。その周囲は平凡な部品ばかりです。せっかくなので、製作に使ったプリント基板を頒布し、必要に応じ、みなさんのお手もとでも動かしてもらえるようにします。この件を含むSBCZ8の詳細は、本書のサポートページで紹介しています。

　Z8の外面的な特徴は、Z8000と互換のバスを備えることです。メモリはお馴染みの制御信号で読み書きできますし、8048と異なり、ROM（プログラム）とRAM（データとスタック）を自由に配置できます。早い話、Z8000のデータバス8ビット版のような構造で、アドレスの偶数/奇数やバイト/ワードを考慮しなくていい分、むしろすっきりした感じです。

　バスのピンは内蔵インタフェースのポート0、ポート1と兼用になっており、アドレスの広さはこれらの使いかたと関係します。両方の全ビットを使わなければ一般的な8ビットのマイクロプロセッサと同じ64Kバイトです。両方の全ビットを使うとバスが出せないため、それはROMを内蔵する製品で、RAMを汎用レジスタで代用するときに認められます。

　SBCZ8では、少なくともタイニーBASICが動く程度のメモリをつなぎたいので、ポート0の半分とポート1をバスに回します。これで、アドレスの広さは4Kバイトになります。ポート2とポート3は、常時、丸ごと使えます。結果として、パラレルインタフェースは半二重になりますが、ハンドシェイク、シリアルインタフェース、タイマが完全に動作します。

⊕ マイコンらしからぬ洗練されたハードウェア

　Z8681はクロック生成器を内蔵しており、少数の外付け部品で内部にクロックを供給します。周波数はデータシートに最高8MHzと規定されていますが、これはクロック生成器に外付けする水晶振動子の数値であり、実際はその半分です。クロックはタイマを経由して通信用にも使われるため、SBCZ8では7.3728MHzの水晶振動子を取り付けています。

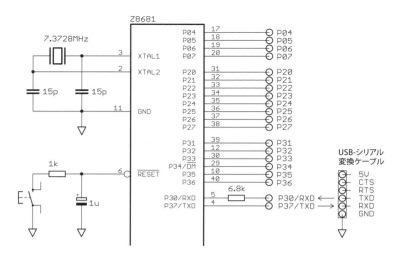

⬆SBCZ8のクロック生成回路とリセット回路と有効な内蔵インタフェース

　Z8681の$\overline{\text{RESET}}$はコンデンサをひとつ外付けするだけで電源オンリ
セットします。手動リセットが必要な場合はコンデンサを放電するス
イッチと抵抗を追加します。リセットによりポート0が入力に設定され、
プログラムがアドレス000CHから始まります。なお、アドレス0000H 〜
000BHの範囲は割り込みベクタを置く領域として予約されています。

	+0		+1		
0000	IRQ0	(上位)	IRQ0	(下位)	ポート3-2(P32)割り込みベクタ
0002	IRQ1	(上位)	IRQ1	(下位)	ポート3-3(P33)割り込みベクタ
0004	IRQ2	(上位)	IRQ2	(下位)	ポート3-1(P31)割り込みベクタ
0006	IRQ3	(上位)	IRQ3	(下位)	ポート3-0(P30)/受信完了割り込みベクタ
0008	IRQ4	(上位)	IRQ4	(下位)	タイマ0/送信可能割り込みベクタ
000A	IRQ5	(上位)	IRQ5	(下位)	タイマ1割り込みベクタ
000C	プログラム				開始アドレス

⬆Z8681のメモリの予約領域（数値は16進数）

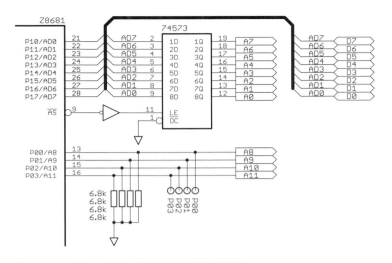

↑SBCZ8のアドレスバスとデータバスを分離する回路

　プログラムが真っ先にやるべき処理はリセットのあと入力となってい
るポート0をアドレスバスに切り替えてメモリの読み書きができるよう
にすることです。この話は、つい納得しそうになりますが、よく考えると
聞き捨てなりません。というのも、ROMなしのZ8681では、メモリの読
み書きができるようにするプログラムが外部のメモリにあるからです。

　この矛盾を解決するため、ポート0を抵抗でプルダウンします。その結
果、ポート0が入力の期間、アドレスバスがLになり、何はともあれプロ
グラムが始まります。抵抗値は、大きいとプルダウンできませんし、小さ
いと常時Lに固定してしまいます。特にNMOSの製品は敏感で、10kΩ
は大きすぎ、4.7kΩは小さすぎ、唯一、6.8kΩで安定して動作しました。

　アドレスバスの下位8ビットはデータバスと兼用ピンを時分割で使い
ます。メモリは、データバスとアドレスバスを外部で分離してつなぎま
す。必要かどうかわかりませんが、Z8000ファミリーの周辺IC（Z8030や
Z8036など）は分離しないで直結できます。データバスが8ビットなので、
Z8000よりきれいにつながり、プログラムに変則的な対応を迫りません。

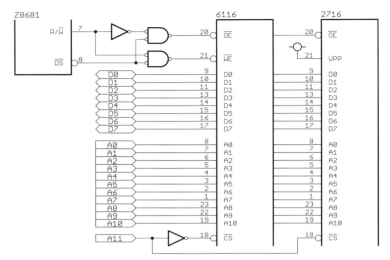

🔼SBCZ8のメモリを接続する回路

　メモリの$\overline{\text{OE}}$（読み出し実行）と$\overline{\text{WE}}$（書き込み実行）は、Z8681のR/$\overline{\text{W}}$（読み書き方向）と$\overline{\text{DS}}$（読み書き実行）で作ります。$\overline{\text{CS}}$（チップ選択）は、アドレスバスの最上位ビットで作ります。Z8681の構造だと、Z80にあった入出力要求や割り込み入力/応答が内部で完結しますし、Z8000にあったバイト/ワードや偶数/奇数アドレスの区別は必要がありません。

⊕ 最先端のCPUも顔負けのレジスタ構成

　Z8の内面的な特徴は、CPUが124本（製品によっては236本）の汎用レジスタを備えることです。Z8000や68000と比べても桁違いに多いため、ときどき内蔵RAMと呼ばれ、実際、RAMのかわりに使えます。しかし、実態は、演算器、ポインタ、インデックスとして働く文字どおりの汎用レジスタです。大きさは8ビットまたは2本をつないだ16ビットです。

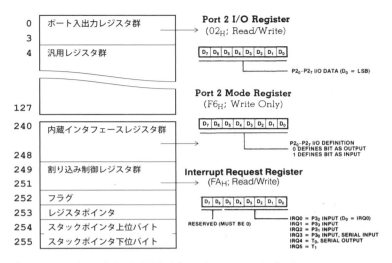

0	ポート入出力レジスタ群	**Port 2 I/O Register** (02H; Read/Write)
3		
4	汎用レジスタ群	D_7 D_6 D_5 D_4 D_3 D_2 D_1 D_0
		P2$_0$-P2$_7$ I/O DATA (D$_0$ = LSB)
127		**Port 2 Mode Register** (F6H; Write Only)
240	内蔵インタフェースレジスタ群	D_7 D_6 D_5 D_4 D_3 D_2 D_1 D_0
248		P2$_0$-P2$_7$ I/O DEFINITION 0 DEFINES BIT AS OUTPUT 1 DEFINES BIT AS INPUT
249	割り込み制御レジスタ群	**Interrupt Request Register** (FAH; Read/Write)
251		
252	フラグ	D_7 D_6 D_5 D_4 D_3 D_2 D_1 D_0
253	レジスタポインタ	RESERVED (MUST BE 0)
254	スタックポインタ上位バイト	IRQ0 = P3$_2$ INPUT (D$_0$ = IRQ0) IRQ1 = P3$_3$ INPUT IRQ2 = P3$_1$ INPUT IRQ3 = P3$_0$ INPUT, SERIAL INPUT IRQ4 = T$_0$, SERIAL OUTPUT IRQ5 = T$_1$
255	スタックポインタ下位バイト	

❶Z8681のレジスタ構成と代表的な内蔵インタフェースのレジスタ

　汎用レジスタは、必要なら、16本ずつの区画に束ね、そのうちのひとつをレジスタポインタで選択することができます。タスクごとに区画を割り当てれば、割り込みなどの際、レジスタポインタを変更するだけで汎用レジスタの内容が保護されます。この仕組みは、1985年にサンマイクロシステムズが発表したSPARCのレジスタウィンドウと似ています。

　内蔵インタフェースのレジスタはCPUのレジスタと同列に並び、同様に取り扱うことができます。興味深いのは、ポートの入出力だけ、ほかから離れて先頭にあり、つねに（区画に束ねても先頭で）汎用レジスタと混在することです。そのため、汎用レジスタのかわりにポートを使い、たとえば、転送命令で転送元のアドレスを外部から指定することができます。

LD R4,ARRAY(R2)

ポート2入力レジスタ

❶配列の要素番号をポート2から指定してレジスタR4へ転送する例

Z8の命令体系はZ80ともZ8000とも互換ではありませんが、Z80とよく似た働きを、Z8000とよく似たアセンブリ言語で書くことができます。Z8は、意外に先進的な構造とあわせ、マイクロプロセッサの役割を包含したマイコンという印象です。その証拠に、インテルの8048やモトローラの6805だと動かせないタイニーBASICが、Z8ならきっちり動きます。

⊕ SBCZ8のタイニーBASICでLEDを点滅させる

アメリカのマニア、クリス・ハウイーはZ8671のマスクROMからタイニーBASICを吸い出し、ROMなしのZ8で動くように修正しました。それがネットで公開され、現在、多くの自作機で動いています。SBCZ8は彼のタイニーBASICが動く要件を満たしており、SBCZ8データパックにZ8BAS73.hex（Z8681用）とZ8BAS147.hex（Z86C91用）があります。

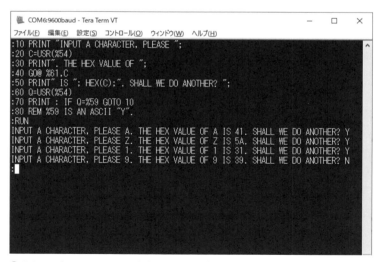

🔵 COM6:9600baud - Tera Term VT　　　　　　　　　　　　　　　　— 　□ 　×
ファイル(F)　編集(E)　設定(S)　コントロール(O)　ウィンドウ(W)　ヘルプ(H)
```
:10 PRINT "INPUT A CHARACTER, PLEASE ";
:20 C=USR(%54)
:30 PRINT". THE HEX VALUE OF ";
:40 GO@ %61,C
:50 PRINT" IS "; HEX(C);". SHALL WE DO ANOTHER? ";
:60 Q=USR(%54)
:70 PRINT : IF Q=%59 GOTO 10
:80 REM %59 IS AN ASCII "Y".
:RUN
INPUT A CHARACTER, PLEASE A. THE HEX VALUE OF A IS 41. SHALL WE DO ANOTHER? Y
INPUT A CHARACTER, PLEASE Z. THE HEX VALUE OF Z IS 5A. SHALL WE DO ANOTHER? Y
INPUT A CHARACTER, PLEASE 1. THE HEX VALUE OF 1 IS 31. SHALL WE DO ANOTHER? Y
INPUT A CHARACTER, PLEASE 9. THE HEX VALUE OF 9 IS 39. SHALL WE DO ANOTHER? N
:
```

🔺SBCZ8のタイニーBASICで文字コード表示プログラムの働きを試した例

クリス・ハウイーが修正したのは、端末との通信速度を変更可能とした
こと、汎用レジスタの範囲を広げたことの2点です。SBCZ8は、端末と
9600ビット/秒（通信形式はデータ長8ビット、パリティなし、1ストッ
プビット）で接続します。汎用レジスタの範囲は、Z86C91は広げたまま、
Z8681は元へ戻して動かします（SBCZ8データパックは修正ずみです）。

Z8671のタイニーBASICは文や関数が少なく、BASICの知識だけだ
と大したプログラムが書けません。そのかわりメモリやレジスタを読み
書きしたり機械語を実行したりする書式があり、頑張れば何でもできま
す。内部の構造も隅々まで公開されており、たとえば、機械語を配置でき
るRAMの先頭アドレスは「PRINT ^4」で表示されることがわかります。

頑張らなくてもできて技術的に面白いのは内蔵インタフェースのテス
トです。一例として、ポート2を上下に振り続け、端末から着信があった
ら終了するプログラムを書いてみました。メモリのアドレスとレジスタ
の番号は@〜で指定します。ポート2の初期設定は@246、入出力は@2
で行います。また、端末から着信があると@250のビット3が立ちます。

```
100 REM BLINKLED.BAS
110 @246=0                      :REM ポート2の全ビットを出力に設定
120 :
130 @2=0                        :REM ポート2の全ビットにLを出力
140 GOSUB 320                   :REM 時間潰しサブルーチンを呼び出す
150 @2=255                      :REM ポート2の全ビットにHを出力
160 GOSUB 320                   :REM 時間潰しサブルーチンを呼び出す
180 :
190 K=AND(@250,8)               :REM 端末からの着信状況を読み取る
200 IF K=0 GOTO 130             :REM 端末から着信がなければ繰り返す
210 STOP                        :REM 端末から着信があったら終了
300 :
310 REM DELAY SUBROUTINE
320 I=0                         :REM 変数の初期値を設定
330 I=I+1                       :REM 変数を1増やす
340 IF I<20 GOTO 330            :REM 変数が20未満なら繰り返す
350 RETURN                      :REM サブルーチンから戻る
```

⬆SBCZ8のポート2でLEDを点滅させるプログラム

247

⬆ SBCZ8のポート2に接続したLED（手前）が点滅する様子

ポート2の状態を知るために、LEDと抵抗を直列につないでピンと電源の間に入れました。プログラムを実行するとLEDが点滅を繰り返し、端末のキーを押した時点で停止します。本来、こうしたテストでは機械語の知識とアセンブラとEPROMの書き込み装置が必要です。それを手軽に実行できて、すぐ結果を見られるのが、タイニーBASICの利点です。

⊕ Z80が起こした奇跡で蘇ったザイログ

Z8はザイログの収支をいくらか改善しましたが、損失を帳消しにするには至っていません。エクソンの方針で継続したミニコンの関連事業が相変わらず人手と利益を奪ったからです。社長のマニー・フェルナンデスは期待にこたえられないまま任期を終え、社長室で構想を温めていたラップトップ型のパソコンを販売する会社、ガビランを設立しました。

1982年、エクソンはザイログの次の社長にフランク・デウィーガーを迎えました。彼の前職はモトローラの販売部長で、その前はジクネティクスの販売責任者でした。想像では、帳簿の数字を遣り繰りするより顧客を訪ねて製品を売るほうが得意だったようです。彼は、とにかく売り上げを伸ばせば何もかも解決すると考え、自ら販売の先頭に立ちました。

フランク・デウィーガーの功績としてよく知られているのは、アメリカの国税庁にSystem8000モデル3を売り込み、総額1800万ドルの契約を獲得したことです。しかし、それ以外はパッとせず、確かに売り上げはいくぶん伸びたものの焼け石に水でした。彼もまた与えられた役割を果たせず、そのあと半導体素材のメーカー、ASMの社長に転身しました。

1985年、エクソンはザイログの次の社長にエドガー・サックを迎えました。彼はそれまで、ゼネラルインスツルメンツの副社長でした。この時点でエクソンはIBMと張り合う野望を捨て、ザイログを売却する方向へ舵を切りました。彼の役割はザイログの資産価値を売り物になる程度まで戻すことであり、歴代の社長よりは大きな裁量が与えられました。

エドガー・サックは、早速、ミニコンと高性能すぎる半導体製品の新規開発を中止し、膨張した事業規模を実力相応まで縮小します。その結果、ザイログは売り上げ順位で世界の5位から44位へ転落しましたが、毎月500万ドルの損失がトントンに回復しました。彼は、ここを足場として、いまある資産、すなわちZ80とZ8を活用した反転攻勢を始めます。

Z80は歴代の社長が何もしていないのにマイクロプロセッサの出荷数量で首位を独走しており、そのまま何もしませんでした。地味に売れていたZ8は、命令とレジスタと内蔵インタフェースを拡張したSuper8を投入してテコ入れを図りました。切り札は、Z80の設計をVLSIテクノロジーの設計ツールで書き直したデータ、Z80メガセルの発売でした。

Z80メガセルは、VLSIテクノロジーの設計ツールにより、顧客が独自に開発した回路と一体になってIC（ASIC）に収まります。顧客がその作業を不得手とした場合、VLSIテクノロジーが代行しました。実際のところ、Z80メガセルの多くはVLSIテクノロジーの仲介で販売されました。実体がデータなので、製造や在庫の負担がなく、売り上げは丸儲けです。

ザイログ自身、Z80メガセルでZ80の派生品を作り、顧客の選択肢を増やしました。それが奏功し、1980年代終盤にマイクロコンポーネント（マイクロプロセッサとマイコン）の出荷数量で首位に立ちました。いろいろなことがうまく回り始め、1990年に年間収益が1000万ドルに達します。1991年は出荷数量がさらに3割増加し、収支が劇的に改善しました。

Ranking	Company	Shipments (Thousands of Units)	Market Share (%)	1990-1991 % Change
1	Zilog	27,173	19.5	31
2	Intel	25,850	18.6	77
3	Motorola	19,955	14.4	24
4	NEC	11,719	8.4	5
5	Hitachi	11,348	8.2	23
6	SGS-Thomson	9,039	6.5	-1
7	AMD	8,600	6.2	-28
8	Toshiba	7,964	5.7	24
9	Siemens	2,975	2.1	-1
10	Sharp	2,877	2.1	10

⬆1991年のマイクロコンポーネント出荷数量順位（データクエスト調べ）

エドガー・サックと上層部は好調な業績を背景に3300万ドルを借り入れ、エクソンからザイログを買い戻しました。彼らの借金は、1991年、ザイログがNASDAQに上場して得た資金で清算されました。以降、ザイログは8ビットの市場で稼ぐ方針をとります。16ビットのZ8003/Z8004や32ビットのZ80,000は、完成していましたが、主力にはしませんでした。

　現在、ザイログはリテルヒューズの孫会社として活動しています。そこへ至る経緯は、まだ歴史上の出来事ではなく、進行中の現実なので、本書の対象から外れます。ひとつだけ付け加えれば、同社は度重なる経済の荒波に揉まれながら、一貫してZ80とともに歩む道を選びました。おかげで、とにもかくにも、本書をハッピーエンドで結ぶことができます。

［索引］

堅 ハードウェア

装丁―渡辺シゲル
写真撮影―山崎康史
編集―石田薫
DTP―出版デザイン研究所

ザイログ Z80 伝説

2020年8月31日　初版第1刷発行

著者	鈴木哲哉
発行者	黒田庸夫
発行所	株式会社ラトルズ

〒115-0055 東京都北区赤羽西4-52-6
電話 03-5901-0220　ファクシミリ 03-5901-0221
http://www.rutles.net

印刷・製本　株式会社ルナテック